职业教育机电类专业教学用书

气动与液压技术

Qidong yu Yeya Jishu

主编 潘玉山

主审 周如俊

高等教育出版社·北京

内容简介

　　本书是职业教育机电类专业教学用书,根据教育部颁布的职业院校相关专业的教学标准,在广泛吸纳和借鉴教学改革经验和研究成果的基础上,结合机电类专业教学的实际需要编写而成。

　　本书以任务实践为主线,整合相关知识点和技能点,使读者在回路或系统中认识气动与液压元件,在实践中体验气动与液压技术的功用。本书主要内容包括认识气动与液压系统,气动与液压系统的工作介质,气动与液压系统动力元件、执行元件、控制元件和辅助原件,气动与液压系统典型回路,典型气动与液压系统的识读与维护等。

　　本书附 Abook 资源,按照本书最后一页"郑重声明"下方使用说明,登录网站(http://abook.hep.com.cn/sve),可获取相关资源。

　　本书可作为职业院校机电类专业的教材,也可作为相关行业技术人员的岗位培训教材。

图书在版编目(CIP)数据

气动与液压技术/潘玉山主编.--北京:高等教

育出版社,2021.9

　ISBN 978-7-04-055925-5

　Ⅰ.①气…　Ⅱ.①潘…　Ⅲ.①气压传动-高等职业教

育-教材②液压传动-高等职业教育-教材　Ⅳ.

①TH138②TH137

　中国版本图书馆 CIP 数据核字(2021)第 049651 号

| 策划编辑 | 王佳玮 | 责任编辑 | 王佳玮 | 封面设计 | 张志奇 | 版式设计 | 杨　树 |
| 插图绘制 | 邓　超 | 责任校对 | 马鑫蕊 | 责任印制 | 田　甜 | | |

出版发行	高等教育出版社	网　　址	http://www.hep.edu.cn
社　　址	北京市西城区德外大街 4 号		http://www.hep.com.cn
邮政编码	100120	网上订购	http://www.hepmall.com.cn
印　　刷	北京市科星印刷有限责任公司		http://www.hepmall.com
开　　本	889mm×1194mm　1/16		http://www.hepmall.cn
印　　张	16		
字　　数	330 千字	版　　次	2021 年 9 月第 1 版
购书热线	010-58581118	印　　次	2021 年 9 月第 1 次印刷
咨询电话	400-810-0598	定　　价	44.50 元

本书是职业教育机电类专业教学用书,根据教育部颁布的职业院校相关专业的教学标准,在广泛吸纳和借鉴教学改革经验和研究成果的基础上,结合机电类专业教学的实际需要编写而成。

液压与气动技术是机电类专业必修的一门课程,是对学生的液压与气动系统应用与调试能力进行培养训练的一门重要的技术课程。为进一步落实《国家职业教育改革实施方案》《职业教育提质培优行动计划(2020—2023 年)》等文件精神,对接职业标准、行业标准和岗位规范,紧贴岗位实际工作过程,调整课程结构,更新课程内容,及时响应信息技术发展和产业升级,对接主流生产技术,注重吸收行业发展的新知识、新技术、新工艺、新方法,编者同相关企业合作开发了本书。

本书以学生中心,突出关键能力和必备品格的培养,力求体现以下特点:

(1)以回答流体传动"是什么""从哪里来""到哪里去""如何去"等问题整合教材内容,设计了 7 个教学情境。每个教学情境下设计若干工作任务,以任务为主线,设计有"生活导入""任务实践""知识链接""学以致用""知识拓展"等环节,便于理论与实践一体化教学。

(2)打破传统教材知识体系,基于任务整合相关知识点和技能点,让学生在回路或系统中认识气动与液压元件。注重新知识、新技术的引入,如介绍了真空元件、液压泵站、比例阀、插装阀等。

(3)改变传统教材单纯学习液压与气动回路的不足,引入继电控制和 PLC 控制技术,使气动与液压和电气控制结合起来。

(4)大量引入生活实例,增加趣味性、可读性。

(5)以"核心素养"为培养目标,整合了传统的知识、能力与情感三维目标;同时引入课程思政思想,注重挖掘课程育人价值。

本书建议学时数为 56 学时,各学习情境学时分配见下表。

情境	学时数	情境	学时数
学习情境一	2	学习情境三	6
学习情境二	5	学习情境四	16

续表

情境	学时数	情境	学时数
学习情境五	3	学习情境七	10
学习情境六	14		

本书由潘玉山担任主编,周如俊担任主审。参加编写的有许江平、潘云、于跃忠、吴恺。

本书是校企合作教材,编写过程中得到了江苏晨光液压件制造有限公司、无锡气动技术研究所有限公司、江苏恒力制动器制造有限公司等液压与气动元件、设备生产企业技术人员的大力支持和帮助,在此一并表示感谢。

由于编者水平有限,书中难免存在的不妥之处,敬请读者批评指正。读者意见反馈邮箱:zz_dzyj@pub.hep.cn。

编者

2021 年 4 月

目 录

学习情境一

走近气动与液压技术
——初步认识气动与液压技术

气动与液压技术,即气压与液压传动和控制技术(统称为流体传动和控制技术,习惯上将气压传动简称为气动,液压传动简称为液压),是自动控制领域的一门重要学科。随着机电一体化技术快速发展,气动与液压技术向更广阔的领域深入,已经成为包括传动、控制、检测在内的一门完整的自动控制技术。只要你留意日常生活和生产,就可以找到气动与液压技术应用实例。图1-1所示为典型液压传动技术应用实例,图1-2所示为典型气压传动技术应用实例。

(a) 液压挖掘机

(b) 液压叉车

(c) 液压装载机

(d) 飞机液压起落架

图1-1 典型液压传动技术应用实例

(a) 气动车门

(b) 气动风镐

图1-2 典型气压传动技术应用实例

　　液压传动、气压传动与机械传动装置一样,都是实现原动机的能量向工作机构(执行元件)传递的装置,只是能量转换或传递方式不一致。机械传动是通过齿轮、蜗轮蜗杆、带、凸轮等机构直接将原动机的动力传递到工作机构,即将原动机的输出机械能直接传递给工作机构输出(图1-3)。液压传动与气压传动则是先将原动机的机械能转换为液压与气压能,再由执行元件将液压与气压能转换为输出的机械能(图1-4)。

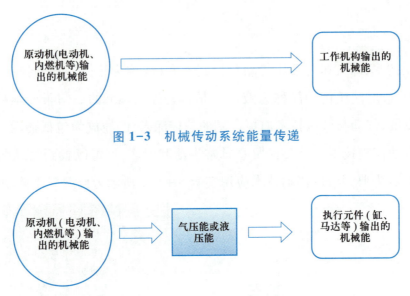

图 1-3　机械传动系统能量传递

图 1-4　气压与液压传动系统能量转换

　　任何一种传动方式都不仅是能量的传递或转换,还能对工作机构(执行元件)进行方向、速度和输出力三个最基本要素的控制。在机械传动中,通过变换机构方式(如滑移齿轮结构)实现对工作机构的运动方向、速度、输出力等进行控制。如图1-5所示普通车床卡盘的控制。同样,气压与液压传动除了能实现能量转换与传递外,还能对执行元件的动作方向、运动速度和输出力进行调节与控制。

图 1-5　普通车床卡盘的控制

　　本学习情境从生活生产实例出发,以能量转换与传递为主线,初步认识气压与液压传动系统的组成,建立区别于机械传动并应用于机电设备的传动方式——流体传动的概念,初步了解这种传动方式的应用场合、特点等。

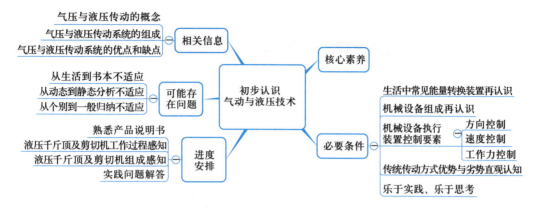

核心素养要求

（1）理解传动方式，由机械传动到流体传动（气动与液压），建立流体传动概念，认知其功能、应用特点等。

（2）从能量转换过程中认知气动与液压系统工作原理、结构组成，以及各组成部分的功能。

（3）从气动与液压设备说明书等技术规范中，初步了解气动与液压设备操作、维护的基本方法。

（4）由具象到抽象，初步认识气动与液压技术沟通语言——图形符号和系统原理图。

（5）从常用的气动与液压设备初步感知流体传动技术的应用前景，培养学习兴趣。

任务 1-1　由液压千斤顶认知液压传动系统 >>>

生活导入

当更换汽车轮胎或移动一幢建筑物时，首先要让它们提升起来，提升工具一般都会选择"大力士"——液压千斤顶，如图 1-6 所示。

图 1-6　液压千斤顶

任务实践

实践课题:观察液压千斤顶工作过程

1. 任务描述

图1-7所示为手动液压千斤顶的结构原理图。借助实物千斤顶或仿真模型,操作并观察液压千斤顶提升过程和复位(返回)过程,在读懂结构原理图的基础上回答以下问题。

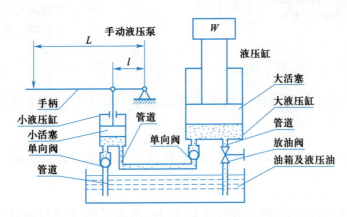

图1-7　手动液压千斤顶结构原理图

(1) 千斤顶动力元件是_____,执行元件是_____,辅助元件有_____。

(2) 千斤顶提升速度是由_____控制的,即速度调节与控制。

(3) 千斤顶复位(返回)是由_____控制的,即方向控制。

(4) 手柄操作用力与_____有关,即压力形成。

(5) 千斤顶的工作介质是_____。

(6) 去掉两个单向阀,或二者因故障不起作用,其后果是_____。

(7) 千斤顶应用的特点是_____

2. 实践规范

熟悉液压千斤顶说明书,按说明书要求操作和维护。

3. 过程分析

从结构原理图上可以看出,千斤顶主要由手动液压泵、液压缸、油箱、控制阀等组成。液压油被封闭于系统内部,随着液压油流动实现提升、复位等动作。

如图1-8a所示,当手柄向上时,带动小活塞向上。因为两缸体形成的连通空间为封闭空间,小活塞向上时,活塞下腔密封容积增大,形成局部真空,左侧单向阀打开,右侧单向阀关闭,在大气压作用下,油液从油箱中吸入小液压缸。如图1-8b所示,当手柄向下时,下腔密封容积减小,油压升高,左侧单向阀关闭,右侧单向阀打开,小液压缸中的油液压入大液压缸。压入大液压缸的油液将大活塞顶起,并顶起重物W。这样反复多次,即可把重物举起到一定的高度。若打开放油阀,大液压缸的油液经阀流回油箱,重物就向下移动。

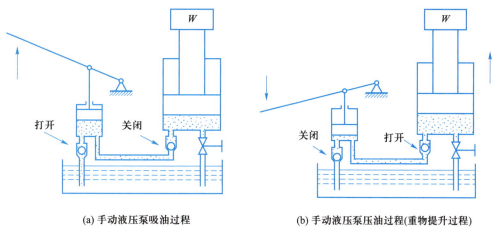

(a) 手动液压泵吸油过程　　　　　　　　(b) 手动液压泵压油过程(重物提升过程)

图 1-8　液压千斤顶工作原理

▌知识链接

1. 液压传动工作原理

液压传动是以液体为工作介质,利用液压能进行能量传递和控制的一种传动形式。本质上,液压传动是一种能量转换装置,即先将原动机输出的机械能转换为液压能,再将液压能转换为执行元件输出的机械能。

在实践课题中,液压千斤顶是借助手柄上下摇动,将人力机械能转换为液压能,液压能借助油液的流动推动重物作提升运动,即将液压能转换为机械能,并且可以得到以下结论。

(1) 如果大活塞上没有重物(负载),则作用在手柄上的力就很小;大活塞上的重物越重,作用在手柄上力就越大,大小液压缸内被挤压的程度就越大,即缸内压力就越高,也就是说缸内压力决定于负载。

(2) 手柄摇动速度越快,小活塞往复运动挤进大液压缸的液体量(流量)就越多,大活塞上升的速度就越快,也就是说速度是由流量大小决定的。

2. 液压传动系统的组成

观察液压千斤顶基本结构,液压传动系统可以归纳为以下几部分:

(1) 动力元件,即把原动机(如人力或电动机)输入的机械能转换成液压能的装置,如液压千斤顶中的手动液压泵。

(2) 执行元件,把液压能转换成机械能的装置,如液压千斤顶中的支承液压缸,还包括液压马达等。

(3) 控制元件,对系统中液体的压力、流量和流动方向进行控制和调节的装置,如千斤顶中的放油阀,还包括压力控制阀、流量控制阀、方向控制阀等。

（4）辅助元件,用以输送液体、储存液体、净化液体等,保证系统可靠和稳定地工作的装置,如千斤顶中的油箱,还包括过滤器、蓄能器、冷却器、加热器、油管及管接头、压力表、密封元件等。

（5）工作介质,它是传递能量的液体,如千斤顶中的液压油,还包括乳化液等。

3. 液压系统图形表达

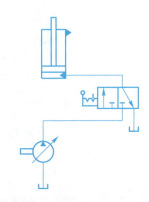

图 1-9   用图形符号表达的
千斤顶液压系统原理图

结构原理图(图 1-7)直观形象,易于理解,但图形复杂,不便于绘制。为了简化系统图,目前各国均使用元件的图形符号来绘制液压和气压传动系统图。这些图形符号只表示元件的职能及连接通路,不表示其结构和性能参数。目前,我国的液压与气压传动系统图采用"流体传动系统及元件图形符号和回路图"系列国家标准(如 GB/T 786.1—2009)绘制。图 1-9 所示为用图形符号表达的千斤顶液压系统原理图。

> **学习提示**
>
> 液压与气动元件图形符号以及液压与气动系统图同电气元件图形符号以及电气系统图的功能是一致的。

4. 液压传动的优点与缺点

与机械传动相比,液压传动的优点是:

（1）单位功率重量轻(比功率大)、结构紧凑、惯性小、动态特性好。

（2）能在较大范围内实现无级调速,调速范围大。

（3）运动平稳,易实现快速起动、制动和频繁换向。

（4）容易获得很大的力和转矩,传动结构简单。

（5）易于实现过载保护,安全性好。

（6）操作控制方便,调节简单,易于实现较复杂的自动工作循环。

（7）液压元件已经实现标准化、系列化和通用化,便于液压系统设计、制造和使用。液压元件的排列布置也具有较大的灵活性。

液压传动的缺点是:

（1）液压系统的效率不高,不适宜远距离传动。主要原因是液压系统在工作过程中存在较多的能量损失,如泄漏损失、摩擦损失。

（2）环境适应性较差,不宜在高温和温度变化很大的环境中工作,也不适宜环境差、粉尘多的场合。主要原因是液压油对温度的变化及污染物比较敏感。

（3）系统故障较难诊断与排除。

■ 学以致用

（1）使用千斤顶提升物体，摇动手柄，但物体不做上升运动，产生该现象可能的原因有哪些？

〈回答提示〉重点从压力建立去找原因。

（2）物体提升后，转动放油阀，但物体不做下降运动，产生该现象可能的原因有哪些？

〈回答提示〉重点从卸压过程去找原因。

（3）寻找身边的液压设备，指出其系统构成。

〈回答提示〉从能量转换元件到控制元件，再到辅助元件依次指出。

■ 知识拓展

液压技术发展趋势

液压传动在工程机械、冶金、军工、农机、汽车、轻纺、船舶、石油、航空和机床行业中普遍运用，其主要的发展趋势集中在以下几个方面：

（1）节能降耗。液压技术在机械能转换为液压能及反转方面一直存在能量损耗，主要反映在系统的容积损失和机械损失上。如果全部液压能都得到充分利用，将使能量转换过程的效率得到明显提高。

（2）主动维护。当前，凭有经验的维修技术人员的感官和经验，通过看、听、触、测等方法找故障已不适于工业向大型化、连续化和现代化方向发展，开发液压系统故障诊断系统将成为新趋势。

（3）机电液一体化。电子技术和液压技术相结合，使传统的液压技术增加了活力，扩大了应用领域，其主要动向有：电液伺服比例技术的应用将不断扩大，液压系统的流量、压力、温度、油污染等数值自动测量和诊断，电子直接控制元件广泛运用，计算机仿真标准化。

（4）新型液压元件的开发。液压元件将向高性能、高质量、高可靠性、系统成套，低能耗、低噪声、低振动、无泄漏，以及污染控制好、应用水基介质等方向发展。

任务 1-2　由气动剪床认知气压传动系统 >>>

■ 生活导入

"剪切"在日常生活中经常遇到，如剪断一根软管（图 1-10），剪开一张纸、一块布。人们首先想到的工具是剪刀,并用人力操作。然而,若要满足剪切批量大、剪切规格大或较高剪切尺寸精度等要求时,手动剪切显然就不适用了。基于此,人们开发出以压缩空气为动力的气动设备——气动剪床(如图 1-11)。

图 1-10　剪断一根软管

图 1-11　气动剪床

▌任务实践

实践课题:观察气动剪床工作过程

1. 任务描述

图 1-12 为气动剪床气动系统结构原理图,借助实物或仿真模型,操作并观察气动剪床剪切过程与复位(返回)过程,在读懂结构原理图基础上回答以下问题。

(1) 气动剪床气动系统的动力元件是_____,执行元件是_____。

(2) 气动剪床气动系统执行元件上下运动的控制元件是_____,压缩空气的压力控制元件是_____。

(3) 气动剪床气动系统的辅助元件有_____。

(4) 气动剪床执行元件的移动速度与_____有关。

(5) 气动剪床气动系统的工作介质是_____。

(6) 若行程阀通道被卡住,气动剪床会出现_____故障现象。

(7) 以气动剪床为例,气动系统应用特点是_____。

2. 实践规范

熟悉气动剪床说明书,按说明书要求操作与维护。

3. 过程分析

气动剪床通过剪刀作剪切运动,完成对工料的切割。剪切运动由气缸完成,气缸运动控制由各种阀完成,阀所需要的洁净压缩空气由气源装置提供。

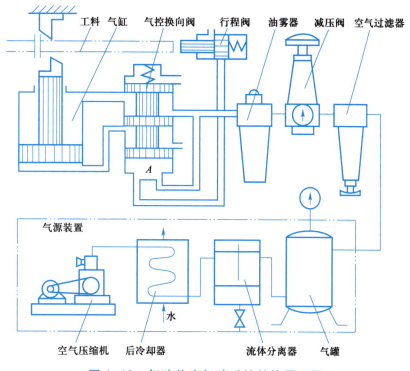

图 1-12　气动剪床气动系统结构原理图

　　在图 1-13 所示的复位状态下，空气压缩机产生的压缩空气经后冷却器、流体分离器、气罐、空气过滤器、减压阀、油雾器等气源净化处理装置和气控换向阀（此时，气控换向阀阀芯被推到上位）进入气缸，气缸有杆腔充气，活塞推至下位，剪切机的剪口张开。当送料机构将工料送入剪切机并达到规定位置时，工料将行程阀（也可采用踏板式换向阀）的阀芯推向右位，气控换向阀阀芯下部与大气相通，阀芯在弹簧作用下被推至下位，气缸无杆腔通气，活塞上移，并带动其上的剪刀作向上剪切运动，将工料切下，剪切状态如图 1-14 所示。工料剪下后，行程阀复位，系统又恢复到图 1-13 所示位置，准备进行第二次剪切。

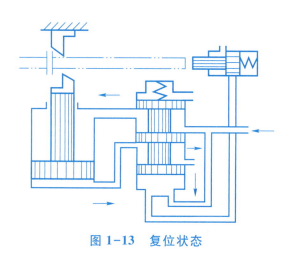

图 1-13　复位状态

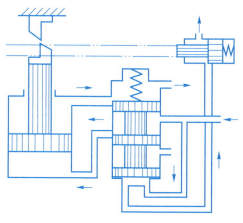

图 1-14　剪切状态

▍知识链接

1. 气压传动工作原理

气压传动与液压传动相似,只是工作介质不相同而已。气压传动是以空气为工作介质,利用气压能进行能量传递和控制的一种传动形式。其实质也是一种能量转换装置。

由于气压传动的工作介质——压缩空气直接来源于大气,相比液压传动工作介质——液压油,压缩空气需要经过一个较为复杂的净化过程。

2. 气压传动系统的组成

气压传动系统的组成与液压传动系统类似,气压传动系统主要由动力元件、气动执行元件、控制元件、辅助元件,以及工作介质五个部分组成。图 1-15 所示为气动系统基本构成框架。

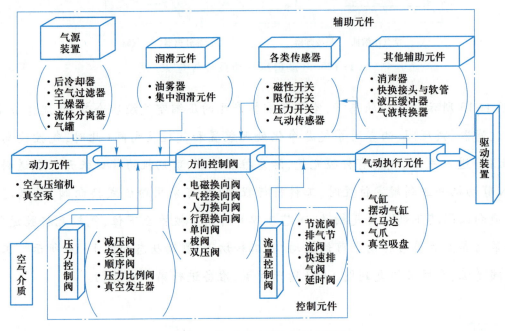

图 1-15   气动系统基本构成框架

3. 气压传动的优点与缺点

与液压传动相比,气压传动主要优点如下。

(1)工作介质为空气,来源经济方便,用过之后可直接排入大气,不污染环境。

(2)空气黏度小,流动时损失小,适宜集中供气和远距离传输与控制。

(3)对环境适应性好,安全等级低,可安全用于易燃、易爆、多灰尘、强辐射、振动等恶劣工作环境。

(4)结构简单、重量轻,动作迅速、反应快。

(5)安装维护方便,管路不易堵塞,且不存在工作介质变质、补充和更换等问题。

（6）能实现过载自动保护。

气压传动主要缺点如下。

（1）执行元件运动速度稳定性较差，位置和速度控制精度较低，一般需要与液压联动才能获得较理想效果。

（2）系统工作压力较低（一般为0.4~0.8 MPa），一般用于小功率场合。

（3）排气噪声大，需要增设消声器。

（4）工作介质空气没有自润滑性，一般需要另设油雾器进行给油润滑。

学以致用

（1）气动剪床作剪切动作，但不能切割工料，原因是什么？

〈回答提示〉借鉴千斤顶不能提起物体的原因去分析。

（2）气压传动采用集中供气，有何优势？

〈回答提示〉借鉴生活中集中供电、供水的优势去分析，也可从独立供给（如液压传动采用独立供油）的劣势去分析。

（3）寻找身边的气动设备，指出其系统构成。

〈回答提示〉从能量转换元件到控制元件，再到辅助元件依次指出。

知识拓展

气动技术发展趋势

相比液压传动技术，气动技术出现更早，但应用于一般工业则是近些年的事情。大多数气动元件是由液压元件改造或演变而来的，目前气动元件的发展速度已超过了液压元件，气压传动已成为一个独立的专门技术领域。其发展趋势主要有以下几个方面：

（1）小型化。针笔型气缸、薄型气缸、低功耗换向阀等微型气动元件不但用于机械加工及电子制造业，而且用于制药业、医疗技术、包装技术等。

（2）组合化、集成化。最常见的组合是带阀、带开关的气缸。在物料搬运中，还使用气缸、摆动气缸、气动夹头和真空吸盘的组合体，同时配有电磁阀、程控器，结构紧凑，占用空间小，行程可调。

（3）精密化。为了使气缸的定位更精确，使用传感器、比例阀等实现反馈控制，定位精度达0.01 mm。在气源处理中，过滤精度为0.01 mm、过滤效率为99.999 9%的过滤器，以及灵敏度0.001 MPa的减压阀均已开发出来。

（4）高速化。目前国产气缸的活塞速度范围为50~1 000 mm/s，今后要求气缸活塞的速度进一步提高，并且在运行中要避免冲击和爬行。

（5）智能化。与电子技术结合，大量使用传感器，气动元件智能化。此外，以阀岛和现场总线技术的结合实现的气电一体化也是目前气动技术的一个发展方向。

（6）节能、环保与绿色发展。由于人类对环境的要求越来越高，气动元件排放的废气如带油雾会污染环境，因此无油润滑的气动元件将会普及。还有些特殊行业，如食品、饮料、制药、电子，对空气的要求更为严格，除无油外，还要求无味、无菌等，满足这类特殊要求的过滤器将被不断开发出来。

项目学习总结

（1）从发展历史看，气动与液压技术都是比较古老的技术，在生产实践得以广泛运用，一方面是由于相关技术日益成熟，另一方面得益于广大科技工作者辛勤耕耘，不断创新。作为未来的气动与液压技术实践者，我们应勇于尝试、大胆实践。

（2）气动与液压技术广泛应用于现实生产生活中，作为学习者除了需要发挥主观能动性外，更需要客观地发现问题、解决问题，透过现象看本质。

（3）气动与液压技术统称为流体技术，是因为它们所使用的工作介质——气体和液体均属于流体。尽管气体与液体具有相同的流体特性，但它们的物理、化学等性能仍然存在很大差异。正是这些共性与差异性决定了气动与液压技术应用场合的差异，以及表现出来的优势与劣势。

学习情境二

认识压缩空气与液压油
——探秘气动与液压系统中流动的工作介质

学习情境描述

　　我们每天都离不开"油"与"气",如呼吸的空气、燃烧的液化气、烹饪的食用油、汽车的燃油与机油……当液压油或压缩空气成为机械设备传动工作介质,且以流动方式"渗透"到设备的"全身"时,如果仅从表面上认知它们对设备运行的影响,显然是不够的。因此,探究"油"与"气"的物理特性,对气动与液压系统装配调试、故障诊断、维护等均具有现实意义。

　　在生产中,运行液压或气动设备,需要选用合适的液压油、定期更换液压油、定期检测液压油和压缩空气过滤精度、检查设备密封性,以及诊断与排除设备故障等,这些常规工作正常开展均需要对工作介质的性质有充分的认知。

　　尽管"油"与"气"均属于流体,具有其共性特点,但由于这两种流体的性质不尽相同,它们所在的气动与液压系统也将显示不一样的特点。因此,既需要把"油"与"气"放在不同情境中探究,也要发现共性规律。

学习思维导图

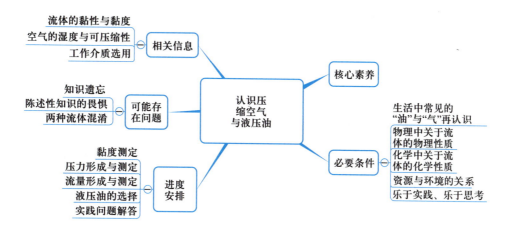

核心素养要求

　　(1)通过学习液压油黏性和黏度,能正确判别液压油牌号,并按工况要求选用合适的液压油。

　　(2)比较气体与液体性质,说明气压与液压传动两种传动方式应用特色,并能正确选用。

（3）认识帕斯卡原理,理解与运用"压力决定于负载"这一规律,会用压力表测定系统压力。

（4）熟知连续性原理,能理解与运用"速度决定流量"这一规律,会用流量计测定系统流量。

（5）从液体流动性出发,熟悉压力损失(摩擦)、流量损失(泄漏),建立损失与相关要素联系图,能正确提出提高液压传动效率的措施。

（6）建立流体传动工作介质使用与环境保护的关系,形成环保意识与节能意识。

任务 2-1   液压油黏性认知与液压油选用 >>>

▌生活导入

当我们将手从液体,如油、水中取出,油、水就会粘在手上,且油比水黏得多。我们也可以取一滴水、一滴油、一滴胶水放在玻璃上,然后倾斜玻璃,可以观察到它们流动速度是不一样的(图 2-1)。这是因为它们在流动时所遇到的阻力是不相同的,阻力越大则流动的速度就越慢。

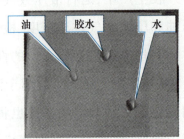

图 2-1   液体流动阻力试验

▌任务实践

实践课题:液压油黏度测定

1. 任务描述

测定体积为 $200\ cm^3$,温度为 $40℃$ 的液压油在自重作用下流过恩氏黏度计(图 2-2)中直径 $\phi2.8\ mm$ 小孔所需的时间 t_1,然后测出同体积的蒸馏水在 $20℃$ 时流过同一孔所需时间 t_2(t_2 为 $50\sim52\ s$),计算 t_1 与 t_2 的比值即为该液压油的恩氏黏度值。按同样的方法测定液压油在 $50℃$ 时流出时间。完成上述试验,并回答以下问题。

（1）将测定与运算结果填写在表 2-1 中。

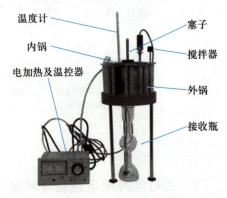

图 2-2   恩氏黏度计

表 2-1　任　务　单

被测液压油检测温度	液压油时间 t_1	蒸馏水时间 t_2（20℃）	恩氏黏度（t_1/t_2）
40℃			
50℃			

（注：也可以选择其他黏度计）

（2）该油液的运动黏度是_____，动力黏度是_____。

（3）温度与黏度的关系是温度升高，黏度_____，即变_____（稀、稠）。

（4）油液黏度越大，流动时阻力_____，产生的摩擦损失_____。

（5）油液黏度越小，流动时阻力_____，但遇到缝隙时易产生泄漏，_____损失大。

（6）液压油选用时，黏度选择要点是_____。

2. 实践规范

（1）符合《恩氏黏度计检定规程》。

（2）符合恩氏黏度计产品说明书要求。

3. 过程分析

从过程看上看，恩氏黏度计与"沙漏"计时器一样，塞上塞子，将被测液压油倒入，接通电源加热，期间利用搅拌器不断搅动，以便被测液压油受热均匀，达到设定温度停止加热，稍后待温度稳定，拔开塞子，同时记录时间，待液压油不能连续流出时，结束计时。流出时间多少与液压油黏度有关。

▌知识链接

1. 液体的黏性与黏度

（1）液体的黏性。液体可以看成由若干个彼此相连的分子组成，液体分子间存在一种内聚力（即液体内部分子之间的吸引力）。当液体在外力作用下流动时，内聚力会产生一种阻碍液体分子之间进行相对运动的内摩擦力，这一特性称为液体的黏性。

如果把液压分成若干层，当最上层液体在外力作用下以速度 u_0 运动时，由于层与层之间存在内摩擦力，该内摩擦力对下层起到拖拽作用，对上层起到阻滞作用，从上到下各层速度依次降低。若某层速度为 u，则下层速度为 $u-\Delta u$，如图 2-3 所示。

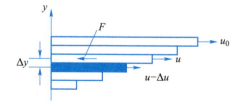

图 2-3　液体黏性示意图

试验表明，液体流动时相邻液层的内摩擦力 F 与液层面积 A、液层间相对运动速度梯度 $\Delta u/\Delta y$ 成正比，即

$$F=\mu A \frac{\Delta u}{\Delta y} \tag{2-1}$$

式中　μ——比例系数，又称为动力黏度；

Δy——相邻液体层距离,mm;

Δu——相邻液体层运动速度差,mm/s。

显然,当 $\Delta u = 0$ 时,内摩擦力 $F = 0$。这表明液体只有在流动时才会呈现黏性,静止状态的液体是不呈现黏性的。

(2)液体的黏度。黏度是用来衡量黏性大小的尺度。黏度是选择液压传动用油液的主要指标。液体的黏度通常有三种不同的测试单位。

1)动力黏度 μ。它是表征液体黏性的内摩擦力系数,其物理意义是当速度梯度 $\Delta u / \Delta y = 1$ 时,单位面积上的内摩擦力的大小,即

$$\mu = \frac{\dfrac{F}{A}}{\dfrac{\Delta u}{\Delta y}} \qquad (2-2)$$

动力黏度的单位为牛·秒/米^2(N·s/m^2),或帕·秒(Pa·s)。

2)运动黏度 ν。运动黏度是动力黏度 μ 与密度 ρ 的比值,即

$$\nu = \frac{\mu}{\rho} \qquad (2-3)$$

运动黏度的单位为米^2/秒(m^2/s),由于该单位会使数据较小,不方便计算,实际中常用 cm^2/s 或 mm^2/s。

3)相对黏度。相对黏度是以相对于蒸馏水的黏性的大小来表示液体的黏性。相对黏度又称条件黏度。各国采用的相对黏度单位有所不同,有的用赛氏黏度,有的用雷氏黏度,我国采用恩氏黏度。测定方法见"任务实践"。

> **学习提示**
>
> 液体的黏性与黏度关系很像弹簧的弹性与倔强系数的关系,静止弹簧不呈现弹性,静止液体也不呈现黏性。

(3)黏度与温度、压力的关系。液体黏度对温度十分敏感,温度升高,黏度明显降低。这种液体的黏度随温度变化而变化的特性称为黏温特性。由于温度对液压油黏度影响较大,因此,黏温特性的重要性不亚于黏度本身。

一般情况下,压力对油液黏度的影响比较小,当压力低于 5 MPa 时,油液黏度值的变化很小,可以不考虑。

> **学习提示**
>
> 俗称的"稠"与"稀"指的就是液体黏度的高与低,黏度高即"稠",黏度低即"稀"。

2. 液压系统工作介质的类型及液压油的牌号

（1）液压系统工作介质的类型。液压系统工作介质主要有石油型、合成型和乳化型三类。石油型液压油特性及应用见表 2-2。

表 2-2　石油型液压油特性及应用

名称	代号	组成及特性	应用
精制矿物油	L-HH	无抗氧化剂	循环润滑油,低压液压系统
普通液压油	L-HL	L-HH 油,并改善其防锈和抗氧化性	一般液压系统
抗磨液压油	L-HM	L-HL 油,并改善其抗磨性	低、中、高压液压系统,特别适合于有防磨要求带叶片泵的液压系统
低温液压油	L-HV	L-HM 油,并改善其黏温特性	能在 −40 ～ −20℃ 的低温环境中工作,如户外工作的工程机械和船用液压设备
高黏度指数液压油	L-HR	L-HL 油,并改善其黏温特性	黏温特性优于 L-HV 油,用于数控机床液压系统和伺服系统
液压导轨油	L-HG	L-HM 油,并具有黏-滑特性	适用于导轨和液压系统共用一种油品的机床,对导轨有良好的润滑性和防爬性
其他液压油		加入多种添加剂	用于高品质的专用液压系统

液压系统工作介质的品种以其代号和后面的数字组成,代号中 L 是石油产品的总分类号"润滑剂和有关产品",H 表示液压系统用的工作介质,数字表示为该工作介质的某个黏度等级。石油型液压油是最常用的液压系统工作介质。

（2）液压油的牌号。液压油的牌号上所标明的号数是指该液压油在温度 40℃ 时,运动黏度 ν（以 mm^2/s 为单位）的中心值。例如,牌号为 L-HL32 液压油,表示普通液压油,在 40℃ 时其运动黏度 ν 的平均值是 32 mm^2/s。

3. 液压油的选用

在选用液压油时,可根据液压设备生产厂样本和说明书中所推荐的品种牌号来选用,或者根据液压系统的工作压力、工作温度、液压元件种类及经济性等因素全面考虑。一般情况下,先确定适当的黏度范围,通常为 $(10～60)×10^{-6} m^2/s$,再选择合适的工作介质品种。

在选用工作介质时,黏度是一个重要的参数。黏度的高低将影响运动部件的润滑、缝隙的泄漏以及流动时产生的摩擦损失、发热温升等。在环境温度较高,工作压力较高,或运动速度较低时,为减少泄漏损失,应选用黏度较高的工作介质,反之,若为了减少摩擦损失,应选用黏度较低的工作介质。环境温度、工作压力、运动速度等对液压系统功率损失（泄漏与摩擦损失）影响关系如图 2-4 所示。

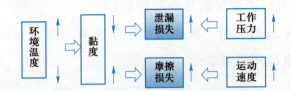

图 2-4　环境温度、工作压力、运动速度对液压系统泄漏与压力损失影响关系

　　除黏度外,液压油润滑性能、化学稳定性、对金属材料的防锈性和防腐性、闪点和燃点等性能指标,也是选用液压油需考虑的因素。

▌学以致用

　　(1) 相同的液压设备,在北方与南方使用时对液压油黏度选择有何要求?

　　〈回答提示〉从黏温特性等方面去思考。

　　(2) 在当地没有合适的标准牌号液压油可以选择时,你有什么解决办法?

　　〈回答提示〉因地制宜,从液压油的性质思考。

　　(3) 有了石油型工作介质,人们为何还要研制乳化型或合成型工作介质,甚至水压传动和水压元件?

　　〈回答提示〉从经济性及环保要求等方面去思考。

▌知识拓展

液压系统对工作介质(主要针对石油型)的要求

　　(1) 适当的黏度和良好的黏温特性。黏度过大导致机械效率降低、泵的吸入性能降低;黏度过小容积效率降低、油膜变薄不利于机件的润滑。

　　(2) 良好的抗磨性(润滑性)。抗磨性是一种与黏度无关,而是通过在油中加入添加剂以在摩擦副上形成油膜来达到减轻磨损的性能。

　　(3) 良好的氧化稳定性和热稳定性。氧化稳定性是指油液耐氧化的能力。油液遇到热、空气中的氧、水和金属物质会氧化而生成有机酸和聚合物,使其颜色变深、酸值增加、黏度变化和生成沉淀物质(焦油)。热稳定性是指油液在高温下抵抗化学反应和分解的能力。一般通过添加抗氧化剂来提高液压油的氧化稳定性和热稳定性。

　　(4) 良好的抗乳化性和水解安定性。油液抵抗与水形成乳化液的能力称为抗乳化性。油液抵抗与水发生化学反应而分解的能力称为水解稳定性。加入破乳化剂(石油磺酸盐,一种表面活性剂)可改善液压油的抗乳化性。

　　其他还有良好的抗泡性和空气释放性;良好的防锈蚀性;良好的剪切稳定性;与密封材料的相容性;与环境和产品的相容性和抗燃性等。

任务 2-2　空气的性质认知 >>>

▌生活导入

　　自然界中的空气是一种混合物,主要是由氧气、氮气、水蒸气、其他微量气体和一些杂质(如尘埃,其他固体粒子)等组成。尽管我们身处其中,但仍有"不识庐山真面目,只缘身在此山中"的感觉,对空气性质的理解除了直观实践,还需要与液体作对比研究。

▌任务实践

实践课题:液体与气体性质比较

　　1. 任务描述

　　在前文对液体性质介绍的基础上,自己设计实验方法,比较液体与气体在性质上差异,并回答下列问题:

　　(1) 通过实验定性完成表 2-3。

表 2-3　任　务　单

介质	密度	可压缩性	黏性	温度对黏度影响规律	流动性	来源
液体(如油)						
气体(如空气)						

　　(2) 在可压缩性上,_____体比_____体有优势,其应用特点是_____。

　　(3) 在黏性上,_____体比_____体有优势,其应用特点是_____。

　　(4) 在来源上,_____体比_____体有优势,其应用特点是_____。

　　(5) 在流动性上,_____体比_____体有优势,其应用特点是_____。

　　2. 实践规范

　　(1) 符合科学原理。

　　(2) 遵循科学方法。

　　3. 过程分析

　　依据个人或小组设计的实验方案。

▌知识链接

　　1. 空气的黏性与黏度

　　空气的黏性与黏度概念与液体的相同。空气的黏性是空气质点相对运动时产生阻力的性质。空气黏度的变化只受温度变化影响,且随温度的升高而增大。这主要是由于温度升高后,空气内分子运动加剧,使原本间距较大的分子之间碰撞增多的缘故。显然,温度变化引起液体黏度变化和空气黏度在变化方向上正好相反。压力的变化对黏度的影响很小,可忽略不计。

> **学习提示**
>
> 　　冷空气流动速度往往要快于热空气,这与冷空气的黏度低于热空气黏度有关。

2. 空气的湿度

自然界中的空气由若干气体混合而成,主要成分是氮气、氧气和二氧化碳,其他气体所占比例很小。此外,空气中常含有一定的水蒸气,通常把含有水蒸气的空气称为湿空气,不含有水蒸气的空气称为干空气。在某压力(气动与液压技术中将物理中介绍的流体压强称为压力)和温度下,当湿空气中有水分析出时,该湿空气称为饱和湿空气,该温度称为在该压力下的露点温度。空气中含有水分的多少对气动系统的稳定性有直接影响,因此各种气动元器件对含水量有明确规定,并且常采取一些措施防止水分进入。

湿空气中所含水分的程度通常用湿度来表示,湿度的表示方法有绝对湿度和相对湿度。绝对湿度是指每立方米湿空气中所含水蒸气的质量,用公式表示为

$$x = \frac{m_s}{V} \tag{2-4}$$

式中　　x——绝对湿度,kg/m^3;

　　　　m_s——水蒸气的质量,kg;

　　　　V——空气的体积,m^3。

相对湿度是指在某温度和总压力不变的条件下,其绝对湿度和饱和绝对湿度(饱和湿空气的绝对湿度)之比,用公式表示为

$$\phi = \frac{x}{x_b} \times 100\% \tag{2-5}$$

式中　　ϕ——相对湿度;

　　　　x_b——饱和绝对湿度,kg/m^3。

显然,当$\phi = 0$时,表示干空气;当$\phi = 1$时,表示饱和湿空气。气动技术中规定各种阀的相对湿度应小于95%。

3. 空气的可压缩性

由于气体分子间的距离大,分子间的内聚力小,体积容易变化,与液体相比具有明显的可压缩性。温度越高、压力越大,空气的可压缩性越大。在实际工程中,管路内气体流速较

低(平均速度 $v\leqslant 50$ m/s),温度变化不大时,气体可压缩性并不明显,可将其看作是不可压缩的,而在某些气动元件(如气缸、气动马达)中,局部流速很高($v>50$ m/s),气体的可压缩性将逐渐明显,则必须考虑气体的可压缩性。

学以致用

(1)从空气与液体黏性上的差异,比较气压传动与液压传动应用的特点。

〈回答提示〉从节能等方面思考。

(2)从空气与液体可压缩性上的差异,比较气压传动与液压传动应用特点。

〈回答提示〉从传动稳定性等方面思考。

知识拓展

理想气体状态方程及空气状态变化

理想气体是实际不存在的假想气体,这种气体的分子是一些弹性的、不占体积的质点,分子之间没有相互作用力。实际气体的密度较小(即比容较大时)时,符合上述条件,可视作理想气体。理想气体在平衡状态时,其状态参数 p 、 ρ 、 T 之间有如下关系:

$$p=\frac{RT}{v}=\rho RT \tag{2-6}$$

式中　p——压力,Pa;

v——比容或比体积,m^3/kg;

R——气体常数,空气为 287 J/(kg·K);

ρ——气体密度,即 $1/v$,kg/m^3。

气动技术中所使用的压缩空气可视为理想气体,在其状态变化过程中,它除了遵守理想气体状态方程外,还遵守热力学第一定律。空气的状态变化过程有等容过程、等压过程、等温过程、绝热过程等。

1. 等容过程

等容过程,即气体的容积保持不变的状态变化过程,比容 v 为常数,则

$$\frac{p_1}{T_1}=\frac{p_2}{T_2} \tag{2-7}$$

2. 等压过程

等压过程,即气体的压力保持不变的状态变化过程,压力 p 为常数,则

$$\frac{v_1}{T_1}=\frac{v_2}{T_2} \tag{2-8}$$

3. 等温过程

等温过程,即气体的温度保持不变的状态变化过程,温度 T 为常数,则

$$p_1 v_1 = p_2 v_2 \tag{2-9}$$

4. 绝热过程

绝热过程,即气体与外界无热交换的状态变化过程。当气体流动速度较快、尚来不及与外界交换热量,这样的气体流动过程可视为绝热过程,公式为

$$p_1 v_1^k = p_2 v_2^k \tag{2-10}$$

式中 k——气体定压热容同定容热容之比。

任务 2-3   压力与流量认知 >>>

生活导入

"血压"和"心率"是医生用来诊断人体血液循环系统功能是否正常的重要指标。在流体传动系统中,与"血压"和"心率"类似的指标是压力和流量,它们是液压与气动元件的主要技术参数,也是液压与气动系统安装调试、运行维护、故障诊断过程中必须知晓的两个最重要技术参数。

任务实践

实践课题:压力和流量的形成与测定

1. 任务描述 1

课前由教师在液压试验台上(或在仿真环境下)按图 2-5 接好油路,并调好溢流阀和节

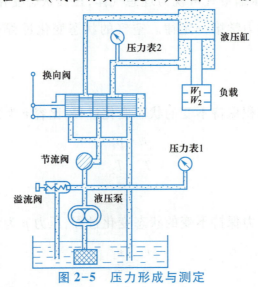

图 2-5   压力形成与测定

流阀旋钮的位置。改变换向阀的位置,液压缸能正常上下运动。依次给液压缸添加 10 kg、20 kg、40 kg、60 kg 负载,分别记录液压缸上升时压力表的读数,并回答下列问题。

（1）填写表 2-4。

表 2-4　任　务　单

负载/kg		10	20	40	60
压力表 1/MPa	运行时				
	运行后				
压力表 2/MPa	运行时				
	运行后				

（2）以负载 W 为横坐标,压力表读数 p 为纵坐标,拟合液压缸运动时负载—压力曲线,完成图 2-6。

（3）根据负载—压力曲线,得到结论_____。

（4）运行时,同一个负载下,压力表 1 读数_____(大于、小于、等于)压力表 2 读数,原因是_____。

（5）运行后,压力表 1 读数_____(大于、小于、等于)压力表 2 读数,原因是_____
_____。

2. 任务描述 2

课前由教师在液压试验台上(或在仿真环境下)按图 2-7 接好油路,并调好溢流阀和节流阀旋钮的位置。改变换向阀的位置,液压缸能正常左右运动,运行时液压缸空载。节流阀全开、半开和全关三种情况下,改变换向阀位置,分别记录流量计 1 和 2 的读数,并回答下列问题。

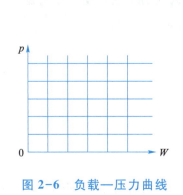

图 2-6　负载—压力曲线

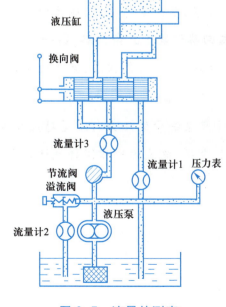

图 2-7　流量的测定

（1）按要求填写表 2-5。

表 2-5 任 务 单

回路工作状态	节流阀全开		节流阀半开		节流阀全关		液压泵输出流量/（L/min）
	液压缸前进	液压缸后退	液压缸前进	液压缸后退	液压缸前进	液压缸后退	
流量计 1 读数/（L/min）							
流量计 2 读数/（L/min）							
流量计 3 读数/（L/min）							

（2）液压缸前进时，流量计 1 读数流量_____（大于、小于、等于）流量计 2 读数流量，原因是_____。

（3）节流阀关闭时，液压泵的流量等于流量计_____读数流量。

（4）节流阀全开时，流量计 1 读数流量_____（大于、小于、等于）节流阀半开时流量计 1 读数流量，原因是_____。

（5）液压泵的流量等于流量计_____读数流量和流量计_____读数流量之和。

（6）液压缸运动速度与流入或流出液压缸的_____有关。

3. 实践规范

（1）明确压力表和流量计量程、单位，指针式仪表读数时需正视。

（2）液压试验台维护保养规范。

（3）调节节流阀时，动作要轻。

4. 过程分析

任务 1：本回路设置了两个测压点，一个是液压泵的出口，另一个是液压缸的有杆腔进出口。不同测点位置，不同工作状态，压力值是有区别的。

任务 2：本回路设置了三条油路，第一条是回油路，第二条是溢流阀溢流油路，第三条是进油路。不同油路，不同工作状态，流量大小是有区别的。

> **学习提示**
>
> 液压系统中的压力与流量对应于电路中的电压（电动势）与电流，电路中有关电压、电流的规律同样也适用于液压油路。

知识链接

1. 静压力

（1）静压力的定义。静压力是指当液体相对静止时，液体单位面积上所受的法向力，用

p 表示。通常意义上的压力即为静压力,物理中称为压强。若法向力(用 F 表示)均匀地作用在面积 A 上,则静压力表示为

$$p = \frac{F}{A} \tag{2-11}$$

式中　A——液体作用面积,m^2;

　　　F——流体在作用面积 A 上所受的法向力,N。

压力的单位为 N/m^2 或 Pa,$1\ Pa = 1\ N/m^2$。由于使用此单位时数值很大,工程上常采用兆帕(MPa)。此外,压力非标计量单位有 bar(巴)、atm(标准大气压力)等。压力计量单位之间换算关系见表 2-6。

表 2-6　压力计量单位之间换算关系

Pa(N/m^2)	MPa	bar	psi	kgf/cm^2	atm	mH_2O	mmHg
10^5	0.1	1	14.50	1.02	0.987	10.2	760

由于液体质点间的凝聚力很小,且只受压,所以液体静压力具有两个特性:

1)液体的静压力垂直于其受压平面,且方向与该面的内法线方向一致。

2)静止液体任意点处所受到的静压力在各个方向上都相等。

如图 2-8 所示,处于静止状态的液体内任意一点压力与外加压力 p_0 和该点所处深度 h 有关,用公式表达为

$$p = p_0 + \rho g h \tag{2-12}$$

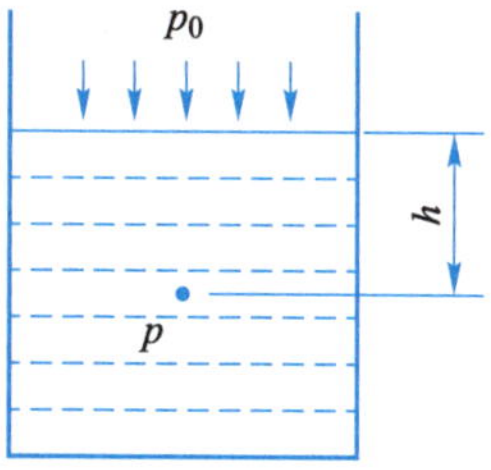

式中　p_0——外加压力,Pa;

　　　ρ——流体的密度,kg/m^3;

　　　g——重力加速度,m/s^2;

　　　h——深度,m。

图 2-8　静止液体压力
分布规律

式(2-12)也称静力学基本方程。当 h 不变时,可认为在相同深度的各点压力相等,压力相等各点组成的面为等压面;当 p_0 远大于 $\rho g h$ 时,可以忽略液体自重影响,认为液体内部压力各点都相等。

(2)压力表示方法。压力有绝对压力、相对压力两种表示方法。绝对压力是以绝对真空作为基准所表示的压力,相对压力是以大气压力作为基准所表示的压力,即

绝对压力=相对压力+大气压力

当绝对压力低于大气压时,习惯上称为真空。因此,某点的绝对压力比大气压小的那部分数值称为该点的真空度,即

真空度=大气压力-绝对压力

在地球表面上,由于一切物体都受大气压力的作用,而且是自成平衡的,大多数测压仪

表在大气压下并不动作,这时它所表示的压力值为零。因此,用压力表测出的压力是高于大气压力的那部分压力,即为正相对压力,也称表压力。

绝对压力、相对压力和真空度的关系如图2-9所示。

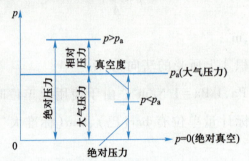

图 2-9   绝对压力、相对压力和真空度的关系

（3）压力的传递。在密封容器中,施加于静止液体任一点的压力将以等值传递到液体内各点,这就是帕斯卡原理或压力传递原理。

根据帕斯卡原理,液体不仅可以进行力的传递,而且还能将力放大和改变力的方向。图2-10所示为帕斯卡原理应用实例。图中大液压缸(负载缸)的截面积为A_1,小液压缸截面积为A_2,两个活塞上的外力(负载)分别为F_1、F_2,则缸内压力分别为$p_1=F_1/A_1$、$p_2=F_2/A_2$。由于两缸充满液体且互相连通,根据帕斯卡原理有$p_1=p_2$,因此有

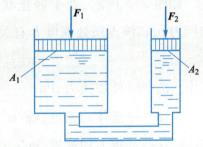

图 2-10   帕斯卡原理应用实例

$$F_1=F_2\frac{A_1}{A_2} \qquad (2-13)$$

由于$A_1/A_2>1$,则$F_1>F_2$,式(2-13)表明可以用较小的力F_2产生很大的力F_1。液压千斤顶和水压机就是按此原理制成的。

如果大液压缸的活塞上没有负载(也称载荷),即$F_1=0$,且略去活塞重量及其他阻力,则有$p=0$。这说明液压系统中的压力是由外负载决定的,它是液压传动的基本概念之一。

2. 静止液体作用在固体壁面上的力

（1）作用在平面上的力。静止液体作用在平面上的力F等于静压力p与平面面积A的乘积,其方向垂直于该平面(图2-11),即

$$F=pA \qquad (2-14)$$

若平面为直径为d的圆面,则作用力为$F=p\pi d^2/4$。

（2）作用在曲面上的力。当固体壁面为一曲面时,静止液体在某 x 方向对该曲面的作用力 F_x 等于静压力 p 与曲面在 x 方向上投影面积 A_x 的乘积(图 2-12),即

$$F_x = pA_x \qquad (2-15)$$

若曲面为直径为 d,长为 L 的圆柱面,则作用力为 $F=pdL$。

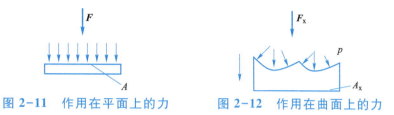

图 2-11 作用在平面上的力   图 2-12 作用在曲面上的力

3. 流动液体压力损失

在实践课题中,液压缸在运动过程中两压力表读数是不一致的,但运动终止后,两压力表读数基本一致。这说明液体流动才会产生压力损失。

在液压系统中,液体流经的部位几乎都会产生压力损失。按液体流经管路特点,压力损失分为沿程压力损失和局部压力损失。

沿程压力损失是液体沿等径直管流动时所产生的压力损失,这类压力损失主要是由液体流动时的内、外摩擦力所引起的。

局部压力损失是液体流经局部障碍(如液压阀、弯头、接头、管道截面突然扩大或收缩处)时,由于液流的方向和速度的突然变化,在局部形成旋涡引起液体质点间以及质点与固体壁面间相互碰撞和剧烈摩擦而产生的压力损失。

压力损失表明液压系统存在功率损耗,过大的压力损失将导致油液发热加剧,黏度下降,泄漏量增加,进而影响系统效率和性能。因此,在液压工程上应尽量减少压力损失,其中,降低流速、减小液体黏度、提高管壁的光滑度、缩短管路的长度、增大管径、减少管路截面变化及弯曲等措施均有利于控制压力损失。

4. 压力表

压力表是用来测定压力的仪表。压力表的种类很多,如指针式压力表(图 2-13a)、数显式压力表(图 2-13b)。图 2-13c 所示为压力表的图形符号。

(a) 指针式压力表   (b) 数显式压力表   (c) 图形符号

图 2-13 压力表

5. 流量

（1）流量与平均流速。流量与流速是描述流体流动的两个主要参数。流体在管道中流动时，通常将垂直于流体流动方向的截面称为通流截面，或称过流断面。流量是指单位时间内通过通流截面的流体的体积，用 q 表示，即

$$q = \frac{V}{t} \tag{2-16}$$

式中 q——流量，m^3/s；

V——流体流过通流截面的体积，m^3；

t——流体流过通流截面的时间，s。

流量的单位为 m^3/s，液压元件的额定流量常用单位为升/分（L/min）。

在实际流体流动中，由于黏性摩擦力的作用，通流截面各点上流速的分布规律难以确定，计算比较困难。为了便于计算，引入平均流速的概念，即认为通流截面上各点的流速均为平均流速，用 v 来表示，则通过通流截面的流量就等于平均流速乘以通流截面积。如图 2-14 所示，于是有 $q=vA$，则平均流速为

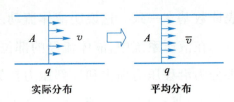

图 2-14 流速实际分布与平均分布

$$v = \frac{q}{A} \tag{2-17}$$

式中 A——通流截面面积，m^2。

（2）液流连续性原理。液流连续性原理是质量守恒定律在流体力学中的应用。如图 2-15 所示，由于液体的不可压缩性，单位时间流入截面 1 的质量 m_1 与流出截面 2 的质量 m_2 是相等，流入流出的液体的体积也相等。因此，液体流经无分支管道时，流过每一个通流截面的流量是相等，这就是液流连续性原理，可知

$$q_1 = q_2 \tag{2-18}$$

因 $q=vA$，则有

$$v_1 A_1 = v_2 A_2 \tag{2-19}$$

式中 v_1，v_2——在通流截面 1 和 2 上的平均流速，m/s；

A_1，A_2——通流截面 1 和 2 的面积，m^2。

式（2-19）也表明：当流量一定时，任一通流截面上的通流面积与流速成反比，即管径细的地方流速大，管径粗的地方流速小。

可以推理，对有分支管路，干路流量等于各支路流量和，即 $q=q_1+q_2$，如图 2-16 所示。

（3）流量损失。流量损失是由泄漏引起的，泄漏分为内泄漏和外泄漏，其大小与缝隙大小、油液黏度及压差有关。

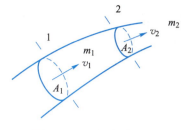

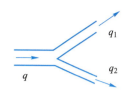

图 2-15   连续性原理   图 2-16   干路流量等于各支路流量和

6. 活塞(或液压缸)运动速度

如图 2-17 所示,活塞(或液压缸)的运动是流入液压缸的液体迫使密封容积增大所导致的结果。按平均流速的概念,活塞(或液压缸)的运动速度就等于液压缸内液体的平均流速。所以我们可以通过平均流速的公式来计算活塞(或液压缸)的运动速度 v,即

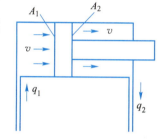

图 2-17   活塞的运动速度

$$v = \frac{q_1}{A_1} = \frac{q_2}{A_2} \qquad (2-20)$$

式中 q_1、q_2——流入、流出液压缸内的流量,$\mathrm{m^3/s}$;

A——液压缸的有效作用面积,$\mathrm{m^3}$。

式(2-20)表明:

(1)活塞(或液压缸)的运动速度与液压缸的有效面积和流入(出)液压缸的流量两个因素有关,而与压力大小无关。

(2)当液压缸的有效面积一定时,活塞(或液压缸)的运动速度决定于流入(出)液压缸内液体的流量。这是液压传动的另一个基本概念。

(3)流入、流出液压缸的流量与对应的有效作用面积成正比。

7. 流量计

流量计是用来测某一时刻或选定的时间间隔内流体总量的仪表,即测定瞬时流量和累计流量。通过瞬时流量可求得累计流量,所以瞬时流量计和累计流量计之间也是可以相互转化的。一般流量计均能显示这两个量。

按结构原理,流量计分为差压式流量计、涡轮式流量计、机械式指针流量计、电磁流量计、超声波流量计等;按计量介质分为液体流量计和气体流量计。图 2-18 所示为涡轮式流量计。

8. 伯努利方程

伯努利方程是能量守恒定律在流体力学中的一种表达形式。如图 2-19 所示,不考虑液体在流动过程中的能量损失(理想状态),根据能量守恒,液体在流经 1 处单位质量的压力能($p_1/\rho g$)、势能(h_1)、动能($v_1^2/2g$)之和与 2 处单位质量的压力能($p_2/\rho g$)、势能(h_2)、动能($v_2^2/2g$)之和相等,即

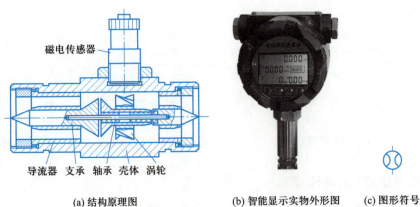

(a) 结构原理图　　　　(b) 智能显示实物外形图　　　(c) 图形符号

图 2-18　涡轮式流量计

$$\frac{p_1}{\rho g}+h_1+\frac{v_1^2}{2g}=\frac{p_2}{\rho g}+h_2+\frac{v_2^2}{2g} \qquad (2-21)$$

或
$$\frac{p}{\rho g}+h+\frac{v^2}{2g}=C \qquad (2-22)$$

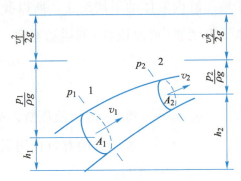

图 2-19　理想状态下伯努利方程示意图

式（2-21）、式（2-22）表明，在理想状态下，同一流道内任意截面上压力能、位能和动能三种能量总和相等，且三种能量可以相互转化。

若 $h_1=h_2$，或不考虑势能，则

$$\frac{p_1}{\rho g}+\frac{v_1^2}{2g}=\frac{p_2}{\rho g}+\frac{v_2^2}{2g}$$

若 $v_1=v_2$，即等径管路或静止液体，则

$$\frac{p_1}{\rho g}+h_1=\frac{p_2}{\rho g}+h_2$$

█学以致用

（1）流量增大导致液压缸活塞速度加快，压力增大能否加快活塞运动速度？

〈回答提示〉从要素关系出发，再结合实际情况。

（2）图 2-17 中，流量 $q_1>q_2$，你是如何理解的，为何不相等呢？

〈回答提示〉根据流量与流速关系。

（3）图 2-20 所示为我国著名的都江堰水利工程。鱼嘴分水堤因其形如鱼嘴而得名，它昂头于岷江江心，把岷江分成内外二江。西边称为外江，俗称"金马河"，是岷江正流，主要用于排洪；东边沿山脚的称为内江，是人工引水渠道，主要用于灌溉。你能用所学的知识解释这项工程的原理吗？

〈回答提示〉根据连续性方程。

图 2-20　都江堰水利工程

（4）若不考虑能量损失，液体按图 2-21 中箭头方向流动，分别比较位置 1 与位置 2 的压力、流速大小。

〈回答提示〉伯努利方程。

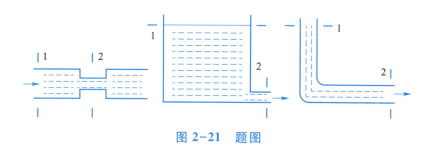

图 2-21　题图

知识拓展

液体流经缝隙的流量与泄漏

由于缝隙的存在，液体就会由压力较高的地方流到压力较低的地方或大气中去，这种流动称为泄漏。泄漏主要是由压力差和缝隙造成的。泄漏量过大会影响液压元件和系统的正常工作，也将使系统的效率降低，功率损耗加大。

液体流经两平板形成的缝隙时，其流量为

$$q = \frac{bh^3}{12\mu l}\Delta p \tag{2-23}$$

式中　q——液体通过缝隙的流量，m^3/s；

　　　Δp——缝隙两端压力差，Pa；

　　　μ——液体动力黏度，$Pa \cdot s$；

　　　h——缝隙量，m；

　　　l——缝隙长度，m；

　　b——平行板宽度,m。

　　式(2-16)表明,液体通过缝隙的流量与压力差成正比,与缝隙量 h 的三次方成正比,即缝隙稍有增加,就会引起泄漏量的大量增加,因此,应严格控制液压元件零件间的缝隙量,以减少泄漏。但是 h 的减小会使液压元件中的摩擦损失增大,因而缝隙量 h 并不是越小越好。

液压冲击与空穴现象

　　(1)液压冲击。在液压系统中,由于某种原因,液体压力在一瞬间突然升高,产生很高的压力峰值,这种现象称为液压冲击。

　　液压冲击常伴有噪声和振动,严重时会使管道破裂、液压元件损坏,有时还会引起某些液压元件误动作。因此,在液压系统设计和使用中应采取适当措施防止和减小液压冲击,通常有以下几种方法:

　　1)延长阀门关闭和运动部件换向制动时间。

　　2)适当增大管径或采用橡胶软管,尽量缩短管道的长度。

　　3)限制管中液体的流速以及运动部件的速度。

　　4)在系统中装置蓄能器和安全阀,在液压元件中设置缓冲装置。

　　(2)空穴现象。在液压系统中,由于流速突然变大、供油不足等原因,压力会迅速下降,当压力降低到低于空气分离压时,溶解在液体中的气体就要以很高的速度分解出来,成为游离的微小气泡,这些气泡夹杂在液体中形成气穴,这种现象称为空穴现象。

　　当气泡随液体流入高压区时,体积急剧缩小,引起局部液压冲击,使系统产生强烈的噪声和振动。当气泡凝结在附近壁面时,因反复受到液压冲击与高温作用,以及液体中逸出气体具有较强的酸化作用,使金属表面产生腐蚀,即气蚀。为防止空穴现象和气蚀,可采取如下预防措施:

　　1)降低液压泵吸油高度,选择足够大的吸油管内径,限制管内液体流速,过滤器压力损失要小,自吸能力差的泵用辅助泵供油。

　　2)管路密封要好,防止空气渗入。

　　3)节流口压力降要小,一般控制节流口前后压差比 $p_1/p_2<3.5$。

　　4)整个管路系统应尽可能直,避免弯曲和局部窄缝等。

项目学习总结

　　(1)气压传动的介质是空气,液压传动的工作介质是液压油。液压油泄漏会污染环境。节约资源,保护环境是每一个公民应尽的责任和义务。

　　(2)"教育的根本意义是生活之变化,生活无时不变即生活无时不含有教育的意义"。

学习气动与液压技术一个最为重要的方法就是生活学习法,用生活中的现象去理解气动与液压技术,用已有知识理解新知识,同时也要把气动与液压技术应用于生活生产实践中去。

(3)在当今社会,基础理论的价值越来越被人们认可,掌握气动与液压系统原理、装配调试系统步骤、诊断排除系统故障方法等同样离不开基础理论。

(4)压力与流量是液压与气动技术的两个最重要的参数,它们既区别又联系。掌握液压与气压传动规律,首要的任务是认识压力与流量。

学习情境三
认识液压系统动力元件与执行元件
——液压系统中液压油从哪里来，又到哪里去

学习情境描述

任何一个系统都需要一个提供能量的动力源，否则系统就不能运转。同样，任何一个系统都需要有一个能量应用的执行件，否则系统就没有价值。如人体的血液循环系统，心脏就是血液流动的动力源，肌肉就是消耗能量的执行件。

在"学习情境一"中已经介绍：液压传动的实质是两次能量转换，一是将原动机输出的机械能转换成液压能，二是将液压能转换为代替人类劳动的机械能。其中，液压泵与液压缸（马达）分别是液压系统的动力装置与执行装置。

从液压传动的工作介质流向视角看，液压系统的动力元件是工作介质（液压油）流动的发生地，而系统的执行元件则是工作介质（液压油）流动的目的地。因此，对液压系统的动力元件与执行元件的认知有助于工程技术人员识读工作介质的行走路线，进而为元件的安装与调试，以及故障的诊断与排除作好准备。

从能量转换视角看，正如将电能转换为光能的灯泡一样，首先需要认识动力元件与执行元件的能量转换原理，再从原理出发全面认识动力元件与执行元件的结构形式、使用特点等。

学习思维导图

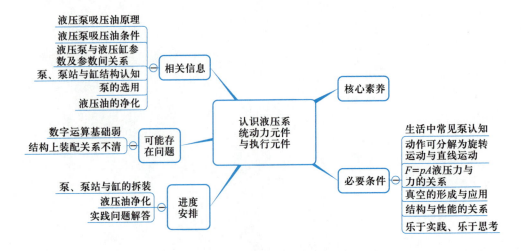

核心素养要求

（1）从生活中的"泵"认知液压泵吸压油过程,归纳出液压泵吸压油的条件,以此熟知常见的"容积泵"。

（2）在液压泵、液压缸装拆过程中,初步认知其结构组成、类型,了解其选用、安装、调试要点等,能正确选择液压泵和液压缸（马达）。

（3）在液压泵站拆装基础上,初步认知液压系统供油特点,熟悉液压系统净化方案和净化设施,并能正确判断实际工程中的施工禁忌。

（4）在压力与流量认知基础上,熟悉液压泵与液压缸主要参数,了解参数之间常见的关系式,会进行简单运算。

（5）在熟悉液压泵基础上,能对比学习液压马达。

（6）初步建立系统概念,学会用系统的方法分析问题。

（7）从液压油净化的学习中强化环境保护意识、节能意识、创新意识。

任务 3-1　认识液压系统动力元件——液压泵 >>>

生活导入

在人体的血液循环系统中,心脏（图3-1）提供血液流动的动力,而在液压系统中,液压油流动的动力则来自液压泵,因此,也有人认为液压泵是液压系统的"心脏"。

在日常生活中,泵是普遍存在的,如手动水井取水泵、农用喷雾器,甚至医用注射器也可以看作一种简易的泵,如图3-2所示。

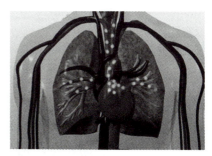

图 3-1　心脏

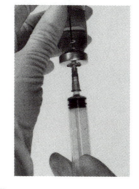

图 3-2　生活中的"液压泵"

　　究其工作原理,工业设备中所使用的液压泵与生活中的"泵"并无本质区别。但是,为满足工业生产不同要求,各种液压泵在结构上是大相径庭的,其类型和规格也非常丰富。因此,熟悉液压泵的常见类型、结构特点、性能参数、图形符号等是学习的重点。

任务实践

实践课题:齿轮泵拆装

1. 任务描述

　　根据学校实际情况选择一只液压泵。图3-3所示为CB型齿轮泵,读懂其结构原理图(图3-4),以及装配关系图(图3-5),根据装配关系制订拆装计划,完成该齿轮泵的拆卸与装配,并回答下列问题。

图3-3　CB型齿轮泵

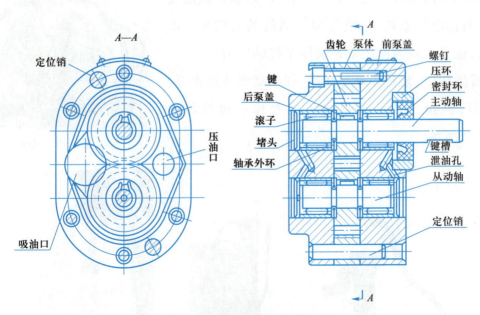

图3-4　CB型齿轮泵的结构原理图

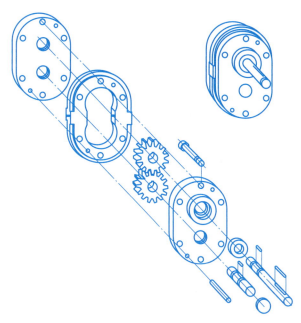

图 3-5　CB 型齿轮泵装配关系图

（1）填写任务单(表 3-1)。

表 3-1　任　务　单

液压泵名称	主要部件名称	零件数量	主要组成零件名称
齿轮泵	主动齿轮轴部件		
	从动轴齿轮部件		
	泵体泵盖部件		

注:若选用其他形式的液压泵,主要部件由指导教师确定。

（2）齿轮泵的密封腔由＿＿＿＿＿、＿＿＿＿＿、＿＿＿＿＿、＿＿＿＿＿等零件包围而成。

（3）密封腔增大的位置在＿＿＿＿＿＿＿,减小位置在＿＿＿＿＿＿＿。

（4）齿轮进出油口,开口较大的一定是＿＿＿＿＿油口,原因是＿＿＿＿＿＿＿＿＿＿＿,以改善齿轮径向力不平衡。

（5）齿轮进出油口高低压油是通过＿＿＿＿＿隔开的,它就是齿轮的配流装置。

（6）齿轮旋转一周,不考虑泄漏,齿轮泵排除油液的体积＝齿数×＿＿＿＿＿＿体积,因此,可以判断齿轮泵是＿＿＿＿＿(定、变)量泵。

（7）液压泵铭牌上主要参数是＿＿＿＿＿＿＿＿。

（8）若齿轮泵齿轮顶圆与泵体之间存在较大的配合间隙,其后果是＿＿＿＿＿＿。

2. 实践规范

（1）装拆顺序正确,避免漏装或错装零件。

（2）装拆工具的使用符合钳工技术规范。

（3）保持拆卸零件清洁,安装后泵轴转动灵活。

（4）操作文明,安全第一。

3．过程分析

（1）熟悉齿轮泵各组成零件。CB 型齿轮泵采用三片式结构,即前后泵盖和泵体,在泵体中有一对相互啮合的直齿圆柱齿轮,齿轮由主动轴驱动。

（2）熟悉齿轮主要装配关系,明确零件装拆顺序。

▋ 知 识 链 接

1．液压泵的工作过程

图 3-6 所示为液压泵的工作原理图。柱塞在弹簧的作用下压紧在偏心轮上,原动机驱动偏心轮绕泵轴旋转,柱塞作往复运动,则由柱塞和缸体形成一个密封腔 a 的容积大小发生周期性的交替变化。当容积由小变大时,就形成真空,油箱中油液在大气压作用下,顶开单向阀进入密封腔 a,实现吸油;反之,当容积由大变小时,密封腔 a 中的油液将顶开单向阀流出,实现压油。随着偏心轮不断旋转,液压泵就不断地吸油和压油。

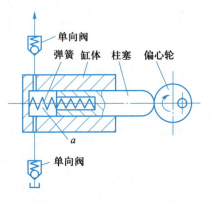

归纳起来,液压泵的吸、压油是依靠密封容积变化来完成的,因此,这种泵也称为容积泵。为实现液压泵正常吸压油,需要具备以下几个条件:

图 3-6　液压泵的工作原理图

（1）具有一个或多个密封腔。

（2）密封腔容积能交替变化。

（3）具有相应的配流装置,即将吸油腔和压油腔隔开的装置,保证密封腔在吸油时与油箱相通,同时关闭出油管路;在压油时与出油管路相通而与油箱切断。液压泵的结构不同,其配流装置也不相同。

（4）油箱与大气相通。

其中,（1）（2）（3）为内部条件,（4）为外部条件。为满足条件（4）,通常在油箱上开有通气孔,并配上空气过滤器。

2．液压泵的主要性能参数

（1）压力。

1）工作压力 p。液压泵实际工作时的输出压力称为工作压力。工作压力的大小取决于外负载的大小。

2）额定压力。液压泵在正常工作条件下,按试验标准规定连续运转的最高压力称为液压泵的额定压力。额定压力与泵本身的泄漏和结构强度有关,密封性能好,结构强度高,则额定压力大。

（2）排量和流量。

1）排量 V。液压泵每转一周,由其密封容积几何尺寸变化计算而得的排出液体体积称为液压泵的排量。排量的大小取决于泵的密封工作腔的几何尺寸变化量的大小,而与转速无关。常用单位有 cm^3/r 或 mL/r。若泵的排量固定,则为定量泵;排量可变,则为变量泵。

2）理论流量 q_t。理论流量是指在不考虑液压泵的泄漏流量的情况下,在单位时间内所排出液体的体积,即排量 V 与转速 n 的乘积,公式为

$$q_t = Vn \qquad (3-1)$$

3）实际流量 q。液压泵在某一具体工况下,单位时间内所排出的液体体积称为实际流量。它等于理论流量 q_t 减去泄漏流量 Δq,即

$$q = q_t - \Delta q \qquad (3-2)$$

泄漏流量 Δq 与工作压力 p 有关,工作压力增加,泄漏流量增大,实际流量减小,其变化曲线如图 3-7 所示。

（3）功率。

1）输入功率 P_{in}。液压泵的输入功率是指作用在液压泵泵轴上的机械功率,它等于输入转矩 T 与角速度 ω 的乘积,即

$$P_{in} = T\omega \qquad (3-3)$$

忽略液压泵与驱动电动机之间的传动损失,液压泵的输入功率等于驱动电动机的输出功率。

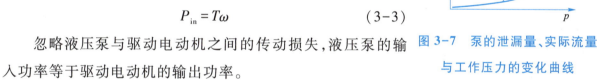

图 3-7　泵的泄漏量、实际流量与工作压力的变化曲线

2）输出功率 P_{out}。液压泵的输出功率是指液压泵输出的液压能,它等于在工作过程中泵的出口压力 p（设泵的进口压力为零）和输出流量 q 的乘积,即

$$P_{out} = pq \qquad (3-4)$$

（4）效率。

1）容积效率 η_V。由于泄漏造成液压泵在输出流量上的损失,液压泵的实际输出流量总是小于其理论流量。液压泵的实际输出流量和理论流量之比称为容积效率,即

$$\eta_V = \frac{q}{q_t} \qquad (3-5)$$

2）机械效率 η_M。由于机械摩擦造成液压泵在输入转矩上的损失,液压泵的实际输入转矩 T 总是大于理论上所需要的转矩 T_t。液压泵理论输入转矩 T_t 与实际输入转矩 T 之比称为机械效率,即

$$\eta_M = \frac{T_t}{T} \qquad (3-6)$$

3）总效率 η。液压泵的总效率为泵的输出功率和输入功率之比,即

$$\eta = \frac{P_{\text{out}}}{P_{\text{in}}} = \frac{pq}{T\omega} = \frac{pq_t\eta_V}{T_t\omega}\eta_M$$

又由于 $Pq_t = T_t\omega$(理论输入功率等于理论输出功率),则

$$\eta = \eta_M\eta_V \tag{3-7}$$

3. 液压泵的主要类型

常用的液压泵按结构分为齿轮式、叶片式和柱塞式液压泵等;按其输油方向能否改变,可分为单向泵和双向泵;按其在单位时间内输出油液的体积是否可调节,分为定量泵和变量泵两类;按其额定压力的高低,又可分为低压泵、中压泵和高压泵三类。液压泵图形符号如图3-8所示。

| 单向定量泵 | 单向变量泵 | 双向定量泵 | 双向变量泵 |

图3-8　液压泵图形符号

(1)齿轮泵。齿轮泵是液压系统常用的液压泵之一,它的主要优点是结构简单、紧凑、体积小、重量轻、转速高、自吸性能好,对油液污染不敏感、工作可靠、寿命长,便于维修以及成本低等;缺点是流量和压力脉动大、噪声较大。此外,由于齿轮泵存在平衡径向力、困油现象和泄漏,其工作压力的提高受到限制。按结构不同,齿轮泵分为外啮合齿轮泵和内啮合齿轮泵,以外啮合齿轮泵应用最广。

图3-9所示为外啮合齿轮泵的工作原理图。在泵体内有一对模数、齿数相同,齿宽相等的圆柱齿轮,由齿轮各齿槽、泵体以及前后端盖(图中未画出)形成密封工作腔,而啮合线又把它们分隔成两个互不相通的吸油腔和压油腔。当齿轮按图示方向旋转时,左侧轮齿脱开啮合,让出空间使容积增大而形成真空,在大气压作用下从油箱吸进油液,并被旋转的齿轮带到右侧,右侧轮齿进入啮合,使密封容积缩小,油液从压油口挤出。

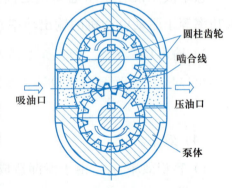

图3-9　外啮合齿轮泵工作原理图

(2)叶片泵。叶片泵是液压系统中应用最广泛的一种泵,相对于齿轮泵,它输出流量均匀,脉动小,噪声低,但结构较复杂,对油液的污染比较敏感。按结构不同,叶片泵分为双作用式和单作用式,前者是定量泵,后者是变量泵。

图3-10a所示为双作用式叶片泵工作原理图。它主要由定子、转子、叶片和安装在定子转子两侧的配流盘等组成,转子和定子同心安装。定子内表面近似椭圆形,由两段长径圆弧、两段短径圆弧和四段过渡圆弧组成。在两侧的配流盘上,开有四个配流窗口(图中虚线所示),窗口的位置与定子上四条过渡曲线位置对应。转子旋转时,由于离心力和叶片根部

油压的作用,使叶片顶部紧靠在定子内表面上,这样,在每两个叶片之间和定子的内表面、转子的外表面及前后配流盘间形成了若干个密封工作腔。

当转子按图示顺时针方向旋转时,密封工作腔的容积在左上角 A 和右下角 C 处逐渐增大,产生局部真空而吸油,形成两处吸油区;在右上角 B 和左下角 D 处逐渐减小而压油,形成两处压油区。转子每转一圈,每个密封工作腔完成吸油、压油各两次,故该泵称为双作用式叶片泵。又因为泵的两个吸油区和压油区是径向对称的,作用在转子上的径向液压力平衡,所以该泵又称为卸荷式叶片泵。图 3-10b 所示为双作用式叶片泵实物图。

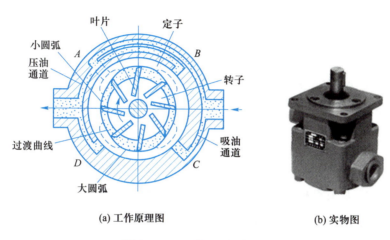

(a) 工作原理图　　　　　　　　(b) 实物图

图 3-10　双作用式叶片泵

图 3-11 所示为单作用式叶片泵工作原理图。它主要由转子、定子、叶片和安装在定子转子两侧的配流盘等组成。与双作用式叶片泵不同之处是:单作用式叶片泵定子是一个与转子偏心安装的圆环,偏心距为 e,在两侧配流盘上开有两个油窗,一个为吸油窗口,另一个为压油窗口(图中虚线所示的 A 区与 B 区)。转子旋转后,叶片紧贴在定子内表面上,这样就会在每两个叶片之间和定子的内表面、转子的外表面及前后配流盘间形成若干个密封工作腔。

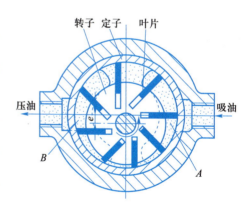

图 3-11　单作用式叶片泵工作原理

当转子按图示逆时针旋转,A 区密封容积增大,形成吸油区,B 区密封容积减小,形成压油区。转子每转一转,完成一次吸油和压油,因此该泵称为单作用式叶片泵。由于转子单向承受压油腔油压,存在径向力不平衡,所以该泵又称为非卸荷式叶片泵,工作压力不宜过高。此外,该泵还有这样的特点:只要改变转子和定子的偏心距 e 或偏心方向,就可以改变输出油流量或输油方向,成为变量泵或双向变量叶片泵。

双作用式叶片泵与单作用式叶片泵的特点见表 3-2。

表3-2   双作用式叶片泵与单作用式叶片泵的特点

名称	泵轴径向力	每转吸压油次数	排量(流量)是否可调	流量脉动
双作用式叶片泵	平衡、卸荷式	各两次	不可调	较稳定
单作用式叶片泵	不平衡、非卸荷式	各一次	可调	欠稳定

为了能调节定子与转子偏心距，若在图3-11所示的单作用式叶片泵上下侧增设限压弹簧和反馈柱塞，就成了限压式变量叶片泵，如图3-12a所示。当泵输出的工作压力 p 不高时，定子在限压弹簧的作用下被推向左端，定子中心 O_2 和转子中心 O_1 之间有一初始偏心量 e_0，这时，泵的输出流量最大。当泵的工作压力 p 升高，作用在柱塞上的力 pA（A 为反馈柱塞面积）达到或超过限压弹簧的预紧力 kx_0 时（即 $pA \geqslant kx_0$），限压弹簧被压缩，定子右移，偏心距 e 减小，输出流量也减小，定子开始移动时的压力称为限定压力。以此类推，当泵的压力达到某一极限值时，偏心量接近零，泵的输出流量也接近零，这个极限压力值称为极限工作压力。

图3-12b所示为限压式变量叶片泵流量压力特性，AB 段表示压力小于限定压力 p_B 时，流量最大且基本不变，流量大小可由反馈柱塞上的调节螺钉调节定子与转子始偏心量 e_0 而改变。B 点为拐点，表示泵输出最大流量时可达到的最高工作压力，其大小可由限压弹簧上的调节螺钉调节其预紧力 kx_0。BC 段表示工作压力超过限定压力后，输出流量开始变化，即流量随压力升高而自动减小，直到 C 点，流量为零，压力达到极限工作压力 p_C。图3-12c所示为限压式变量叶片泵实物图。

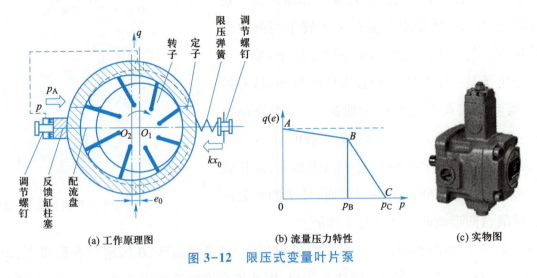

(a) 工作原理图   (b) 流量压力特性   (c) 实物图

图3-12   限压式变量叶片泵

（3）柱塞泵。柱塞泵具有工作压力高、效率高、流量调节方便等优点，其缺点是结构复杂、加工精度高、价格高，对油液污染比较敏感。柱塞泵广泛应用于需要高压、大流量、大功率的系统中和流量需要调节的场合，如龙门刨床、拉床、液压机、工程机械、矿山冶金机械、船舶等场合。

柱塞泵是靠柱塞在缸体中作往复运动造成密封容积的变化来实现吸油与压油的液压

泵。按柱塞的排列和运动方向不同,柱塞泵可分为径向柱塞泵和轴向柱塞泵两大类。径向柱塞泵因径向尺寸较大,且存在径向力不平衡,目前生产中已经很少使用。

图 3-13a 所示为轴向柱塞泵的工作原理图。它主体由缸体、配流盘、柱塞和斜盘等组成,柱塞沿圆周均匀分布在缸体内,斜盘轴线与缸体轴线成倾斜角 γ,柱塞靠机械装置或在低压油(图中为弹簧)作用下压紧在斜盘上,配流盘和斜盘固定不动。按图示回转方向,当柱塞旋转到后半周时,柱塞向外伸出,柱塞底部缸孔的密封容积增大,产生真空,通过配流盘上吸油窗口吸油;当柱塞进入前半周时,柱塞被斜盘推入缸体,密封容积减小,通过配流盘的压油窗口压油。缸体每转一周,每个柱塞完成吸、压油各一次。改变斜盘倾角 γ,就能改变柱塞行程的长度,调节泵的排量,因此称为变量泵;改变斜盘倾角方向,就能改变吸油和压油的方向,即成为双向泵。图 3-13b 所示为轴向柱塞泵实物图。

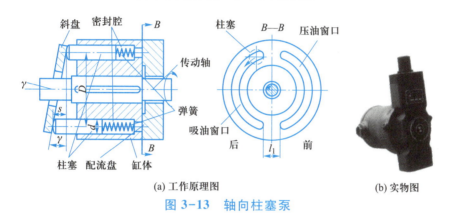

(a) 工作原理图　　　　　　　　　(b) 实物图

图 3-13　轴向柱塞泵

学以致用

(1) 按铭牌标示转动方向,慢速转动某齿轮泵,出油口无液压油流出,这是为什么?

〈回答提示〉考虑液压泵容积效率。

(2) 一液压泵的机械效率 $\eta_M = 0.92$,泵的转速 $n = 950$ r/min 时的理论流量为 $q_t = 160$ L/min,若泵的工作压力 $p = 2.95$ MPa,实际流量为 $q = 152$ L/min。试求:液压泵的总效率;泵在上述工况所需的电动机功率;驱动液压泵所需的转矩。

〈回答提示〉灵活运用相关运算公式。

> **学习提示**　液压泵主要故障现象:① 吸不上油。主要原因有电动机转向接反;过滤器或吸油管道堵塞、连接部位有泄漏,空气侵入泵内;油液黏度过大,温升太高;零件磨损,间隙增大,泄漏较大;泵的转速太低;油箱中油面太低,存在吸空等。② 噪声太大。主要原因有空气由吸油管或密封处进入泵内;吸油管阻力过大,甚至堵塞;泵与电动机轴不同心等。

▌知识拓展

液压泵的选用

1. 选择液压泵的原则

选择液压泵的原则是：根据主机工况、功率大小和系统对工作性能的要求，首先确定液压泵的类型，然后按系统所要求的压力、流量大小确定其规格。表3-3给出了液压系统中常用液压泵的主要性能比较。

表3-3　液压系统中常用液压泵的主要性能比较

性能	外啮合齿轮泵	双作用式叶片泵	限压式变量叶片泵	径向柱塞泵	轴向柱塞泵
输出压力	较低	较高	中压	高压	高压
流量调节	不能	不能	能	能	能
效率	低	较高	较高	高	高
输出流量脉动	很大	很小	一般	一般	一般
自吸特性	好	较差	较差	差	差
对油的污染敏感性	不敏感	较敏感	较敏感	很敏感	很敏感
噪声	大	小	较大	大	大

一般来说，在机床液压系统中，往往选用双作用式叶片泵和限压式变量叶片泵；在筑路机械、港口机械以及小型工程机械中往往选择抗污染能力较强的齿轮泵；在负载大、功率大的场合往往选择柱塞泵。

2. 液压泵工作压力和流量估算

液压泵的工作压力是根据执行元件的最大工作压力来确定的，考虑到各种压力损失，泵的额定压力可按液压泵所需提供的压力确定：

$$p_{\mathrm{P}} \geqslant K_{\mathrm{P}} \times p_{\mathrm{G}} \tag{3-8}$$

式中　p_{P}——液压泵所需要提供的压力，Pa；

$\quad\quad K_{\mathrm{P}}$——系统压力损失系数，取1.3~1.5；

$\quad\quad p_{\mathrm{G}}$——液压缸中所需的最大工作压力，Pa，若为多液压缸系统，p_{G}应为最大工作压力液压缸的压力。

液压泵的输出流量取决于系统所需最大流量及泄漏量，即

$$q_{\mathrm{P}} \geqslant K_{\mathrm{L}} \times q_{\mathrm{G}} \tag{3-9}$$

式中　q_{P}——液压泵需输出的流量，$\mathrm{m}^3/\mathrm{min}$；

$\quad\quad K_{\mathrm{L}}$——系统的泄漏系数，取1.1~1.3；

$\quad\quad q_{\mathrm{G}}$——液压缸所需提供的最大流量，$\mathrm{m}^3/\mathrm{min}$，若为多液压缸同时动作，$q_{\mathrm{G}}$应为同时动

作的几个液压缸所需的最大流量之和。

在 p_P、q_P 求出以后,就可具体选择液压泵的规格,选择时应使实际选用泵的额定压力大于所求出的 p_P 值,通常可放大 25%。泵的额定流量略大于或等于所求出的 q_G 值即可。

3. 液压泵驱动电动机参数的选择

驱动液压泵所需的电动机功率可按下式确定:

$$p_D = \frac{p_P q_P}{60\eta} \tag{3-10}$$

式中　p_D——电动机所需的功率,W;

　　　p_P——液压泵所需要提供的压力,Pa;

　　　q_P——液压泵所需输出的流量,m^3/min;

　　　η——泵的总效率(各种泵的总效率大致为:齿轮泵 0.6~0.7,叶片泵 0.6~0.75,柱塞泵 0.8~0.85)。

任务 3-2　液压泵站装接与液压油净化 >>>

■ 生活导入

水污染对人们生产生活的影响是显而易见的,防治水污染是一项长久的艰巨任务。同样,在液压系统中,液压油的清洁程度也会影响液压元件的正常工作和系统的正常运行,对液压系统液压油污染的监控与防治是液压设备日常维护的重要项目。图 3-14 所示为液压油使用前后的比较,显然,液压油经过长时间在液压设备使用后会被污染。减少液压油污染,在优化系统设计的基础上,关键是要把好液压油"进出口"关,并辅以适当的净化设施。

(a) 使用后的液压油　　　(b) 使用前的液压油

图 3-14　液压油使用前后的比较

■ 任务实践

实践课题:液压泵站装接及液压油净化

1. 任务描述

图 3-15 所示为一种简易液压泵站,主要由液压泵、驱动电动机、联轴器、油箱、油管等组成。先安装液压泵及驱动电动机,然后完成液压泵及联轴器、出油管等元件的安装,最后在

教师指导下起动液压泵电动机,观察液压泵出油情况,并回答以下问题。

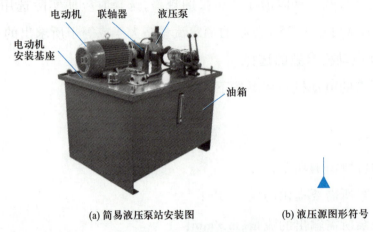

(a) 简易液压泵站安装图   (b) 液压源图形符号

图 3-15   简易液压泵站

(1) 指出液压泵站主要组成部分,填写表 3-4。

表 3-4   任   务   单

位置	主要元件(部件)名称
电动机到液压泵	
液压泵进油口以下	
液压泵出油口以上	
油箱部分	

(2) 指出液压泵站净化措施,填写表 3-5。

表 3-5   任   务   单

措施	油箱注油口处	液压泵进出油口处	系统回油口处	油箱结构
净化措施				

(3) 油箱油液_____(有、无)液位显示元件,_____(有、无)加热元件,_____(有、无)冷却元件。

(4) 液压泵进油口与进油管接头形式是_____,出油管与阀口接头形式是_____。

(5) 液压泵进油管管材是_____,出油管管材是_____,回油管管材是_____。

(6) 液压泵站上,液压泵运行安全措施有_____。

(7) 若液压泵输出流量为 20 L/min,最大工作压力为 2 MPa,机械效率和容积效率分别为 0.9 和 0.95,则驱动液压泵的电动机功率至少为_____kW。

(8) 若进油管与回油管相距很近,其后果是_____。

2. 实践规范

（1）符合设计图样的规定和要求。

（2）电动机的转向与液压泵轴旋转方向一致。

（3）液压泵轴与联轴器同轴度误差控制在 0.1 mm 以内；手转动联轴器时，感觉轻松，无卡住或异常现象。

（4）净化装置安装、进回油位置符合规范。

（5）连接部位正确、可靠。

3. 过程分析

安装过程基本与拆卸过程相反，所以记住拆卸顺序有助于顺利安装。应注意安装与拆卸过程规范的异同。

▌知识链接

1. 液压泵站的构成

液压泵站又称为液压站，是独立的液压装置。它按逐级要求供油，并控制液压油流动方向、压力和流量，适用于主机与液压装置可分离的各种液压机械。用户只要将液压泵站与主机上的执行元件（液压缸或液压马达）用油管相连，液压机械就可实现各种规定的动作和工作循环。

液压泵站一般根据用户需要或液压设备控制要求进行设计，因此液压泵站的结构形式也是多种多样的。常见的液压泵站一般包括一组液压泵装置、集成块或阀组合和油箱等。

（1）液压泵装置。它包括液压泵和电动机，液压泵与电动机一般通过联轴器相连，是液压系统的动力源，将电动机输出的机械能转化为压力能。液压泵与电动机可以采用水平或垂直布置两种形式。

（2）集成块或阀组合。它是用来调节与控制系统压力、速度和方向的装置，见下文。

（3）油箱及其附件。油箱的功用是储存油液，散发油液中的热量，释出混在油液中的气体，分离沉淀油液中的污物等。

液压系统中的油箱有整体式和分离式两种。整体式油箱与机体做在一起，利用机体的内腔作为油箱。这种油箱结构紧凑，各处漏油易于回收，但增加了设计和制造的复杂性，维修不便，散热条件不好，且会使机体或邻近构件产生热变形。分离式油箱单独设置，与主机分开，减少了油箱发热和液压源振动对主机工作精度的影响，因此得到了普遍的采用，特别在精密机械上。

分离式油箱的典型结构如图 3-16 所示。油箱内

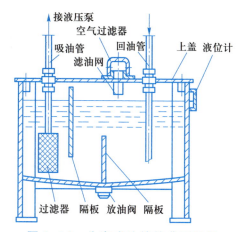

图 3-16　分离式油箱的典型结构

部用隔板将吸油管与回油管隔开。顶部、侧部和底部分别装有空气过滤器、滤油网、液位计和排放污油的放油阀。液压泵及其驱动电动机一般安装在顶部上盖上。

为发挥油箱功能,在使用油箱时,还应注意以下事项:

1)油箱的容量应能保证在液压系统工作时,其最低液面高于过滤器上端 200 mm 以上,以防止空气吸入;在系统停止工作时,油箱液面不应超过油箱高度的 80%。

2)吸油管和回油管应尽量相距远些,两管之间要用隔板隔开,以增加油液循环距离,使油液有足够的时间分离气泡,沉淀杂质,消散热量。隔板高度最好为箱内油面高度的 3/4。

3)吸油管入口处所装的过滤器,其底面与油箱底面、其侧面与油箱壁应有 3 倍管径距离,以使油液能从过滤器的四周上下进入过滤器内。过滤器的安装位置还应便于装拆。回油管管端在油面最低时仍应浸没在油中,防止吸油时卷吸空气或回油冲入油箱时搅动油面而混入气泡。回油管管端宜斜切 45°,以增大出油口截面积,减慢出口处油液流速,此外,应使回油管斜切口面对箱壁,以利油液散热。

4)为了防止油液污染,油箱上各盖板、管口处都要妥善密封。注油器上要加滤油网。防止油箱出现负压的通气孔上装有空气过滤器,其容量至少应为液压泵额定流量的 2 倍。油箱内回油集中部分及清污口附近宜装设一些磁性块,以去除油液中的铁屑和磁性颗粒。

5)液压系统的工作温度一般保持在 30~50℃ 的范围之内,最高不超过 65℃,最低不低于 15℃。液压系统如依靠自然冷却仍不能使油温控制在上述范围内,就须安装冷却器;反之,如环境温度太低无法使液压泵起动或正常运转,就须安装加热器。液压系统典型冷却器与加热器如图 3-17 所示。

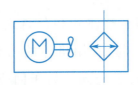

(a)电动风扇的冷却器及图形符号

(b)电加热器及图形符号

图 3-17　液压系统典型冷却器与加热器

2. 液压油的净化

（1）过滤器。过滤器的功用是过滤混在液压油中的杂质,降低进入系统中油液的污染度,保证系统正常工作。常见的过滤器类型、图形符号及其特点见表3-6。

表 3-6　常见的过滤器类型、图形符号及其特点

类型		实物及结构简图	图形符号	特点说明
表面型	网式过滤器			1. 过滤精度与铜丝网层数及网孔大小有关。在压力管路上常用 100 目、150 目、200 目（每英寸长度上孔数）的铜丝网,在液压泵吸油管路上常采用 20～40 目铜丝网 2. 压力损失不超过 0.004 MPa 3. 结构简单,通流能力大,清洗方便,但过滤精度低
	线隙式过滤器		同上	1. 滤芯由绕在芯架上的一层金属线组成,依靠线间微小间隙来挡住油液中杂质的通过 2. 压力损失为 0.03～0.06 MPa 3. 结构简单,通流能力大,过滤精度高,但滤芯材料强度低,不易清洗 4. 用于低压管道中,当用在液压泵吸油管上时,它的流量规格宜选得比泵大
深度型	纸芯式过滤器	A—A	同上	1. 结构与线隙式相同,但滤芯为平纹或波纹的酚醛树脂或木浆微孔滤纸制成的纸芯。为了增大过滤面积,纸芯常制成折叠形 2. 压力损失为 0.01～0.04 MPa 3. 过滤精度高,但堵塞后无法清洗,必须更换纸芯,通常用于精过滤

续表

类型		实物及结构简图	图形符号	特点说明
深度型	烧结式过滤器		同上	1. 滤芯由金属粉末烧结而成,利用金属颗粒间的微孔来挡住油中杂质通过。改变金属粉末的颗粒大小,可以制出不同过滤精度的滤芯 2. 压力损失为 0.03～0.2 MPa 3. 过滤精度高,滤芯能承受高压,但金属颗粒易脱落,堵塞后不易清洗 4. 适用于精过滤
吸附型	磁性过滤器			1. 滤芯由永久磁铁制成,能吸住油液中的铁屑、铁粉、可带磁性的磨料 2. 常与其他形式滤芯合起来制成复合式过滤器 3. 对加工钢铁件的机床液压系统特别适用

（2）过滤器的选用。过滤器主要技术参数有:过滤精度(μm)、处理量(m^2/h)、最高工作压力(MPa)、最高工作温度(℃)。选用过滤器时,应根据液压系统的技术要求,按过滤精度、通流能力、工作压力、油液黏度、工作温度等条件选定其型号,具体如下。

1）过滤精度应满足预定要求。

2）能在较长时间内保持足够的通流能力。

3）滤芯具有足够的强度,不因液压力而损坏。

4）滤芯抗腐蚀性能好,能在规定的温度下持久工作。

5）滤芯清洗或更换简便。

（3）过滤器的安装位置。为保证液压系统内油液的洁净程度,主要控制的是系统的"进口"和"出口",包括油液进入系统前的净化和油液回到油箱前的净化。因此,过滤器在液压系统中的安装位置通常有以下几种形式:

1）安装在泵的进油口处。泵的进油路上一般安装表面型过滤器,目的是滤去较大的杂质微粒以保护液压泵,此外过滤器的过滤能力应为泵流量的两倍以上,压力损失小于 0.02 MPa,如图 3-18 中的过滤器 1。

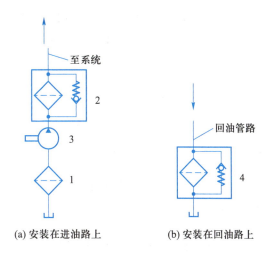

(a) 安装在进油路上　　　　(b) 安装在回油路上

图 3-18　过滤器的安装

1—安装在液压泵进油口处的过滤器;2—安装在液压泵出口处带旁路单向阀的过滤器;

3—液压泵;4—安装在回油口处带旁路单向阀的过滤器

2)安装在泵的出口油路上。此处安装过滤器的目的是用来滤除可能侵入液压阀等元件的污染物。其过滤精度应高于进油路上过滤器精度,一般为 10~15 μm,且能承受油路上的工作压力和冲击压力,压力降应小于 0.35 MPa,如图 3-18 中的过滤器 2。

3)安装在系统的回油路上。这种安装起间接过滤作用,如图 3-18 中的过滤器 4。

液压系统中除了整个系统所需的过滤器外,还常常在一些重要元件(如伺服阀、精密节流阀)的前面单独安装一个专用的精过滤器来确保它们的正常工作。

3. 液压管件

液压管件主要包括油管和管接头。图 3-19 所示为常见的液压管件。

图 3-19　常见液压管件

(1)油管。液压系统中使用的油管分为硬管和软管两类。油管的特点及其适用场合见表 3-7。

表3-7   油管的特点及其适用场合

种类		特点和适用场合
硬管	钢管	能承受高压,价格低廉,耐油,抗腐蚀,刚性好,但装配时不能任意弯曲;常在拆装方便处用作压力管道,中、高压用无缝管,低压用焊接管
	纯铜管	易弯曲成各种形状,但承压能力一般不超过10 MPa,抗震能力较弱,又易使油液氧化;通常用在液压装置内配接不便之处
软管	尼龙管	乳白色半透明,加热后可以随意弯曲成形或扩口,冷却后又能定形不变,承压能力因材质而异,一般为2.5~8 MPa
	塑料管	质轻耐油,价格便宜,装配方便,但承压能力低,长期使用会变质老化,只宜用作压力低于0.5 MPa的回油管、泄油管等
	橡胶管	高压管由耐油橡胶夹几层钢丝编织网制成,钢丝网层数越多,耐压越高,价高,用作中、高压系统中两个相对运动件之间的压力管道;低压管由耐油橡胶夹帆布制成,可用作回油管道

(2)管接头。管接头是油管与油管、油管与液压元件之间的可拆式连接件。它必须具有拆装方便、连接牢固、密封可靠、外形尺寸小、通流能力大、压降小、工艺性好等各项条件。

管接头的种类很多,按管接头的通路数量和流向可分为直通、弯头、三通和四通等;按连接方式不同可分为扩口式、焊接式、卡套式等。其规格品种可查阅有关手册。液压系统中常用的管接头见表3-8。

表3-8   液压系统中常用的管接头

名称	实物及结构简图	特点和说明
焊接式管接头	接管　螺母　接头体 密封圈　本体 密封圈	1. 连接牢固,利用球面进行密封,简单可靠 2. 焊接质量必须保证,必须采用厚壁钢管,拆装不便

续表

名称	实物及结构简图	特点和说明
卡套式管接头		1. 轴向尺寸要求不严,拆装方便 2. 对油管径向尺寸要求较高,为此要采用冷拔无缝钢管
扩口式管接头		1. 用油管管端的扩口在管套的压紧下进行密封,结构简单 2. 适用于钢管、薄壁钢管、尼龙管和塑料管等低压管道的连接
扣压式管接头		用来连接高压软管
快速接头		1. 用在经常要拆装处 2. 操作简单方便

学以致用

（1）当过滤器设置在液压泵出油口和液压系统回油口处时,为何要增设一个旁路单向阀(图 3-18),试分析其原因。

〈回答提示〉从系统运行安全角度思考。

（2）图 3-20 所示的液压泵泄油口两种方案中,哪一种更合理？为什么？

〈回答提示〉泄漏油的压力要求与温度特征。

（3）图 3-21 所示的液压泵进油口两种方案中,哪一种更合理？为什么？

〈回答提示〉考虑压力损失影响。

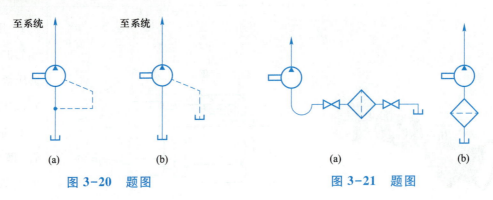

图 3-20 题图   图 3-21 题图

（4）通常情况下,液压泵进油管"短而粗",试分析原因。

〈回答提示〉从压力损失去考虑。

知识拓展

液压油污染与控制

1. 液压油污染原因

（1）残留物污染。在液压系统中,管道、液压元件(如液压缸、液压泵、液压马达、阀、液压油箱)中存在的切屑、型砂、磨料、焊渣、灰尘等残留物,在系统使用前未冲洗干净而流入到液压油中。

（2）侵入性污染。外界的空气、水、灰尘、固体颗粒,通过液压缸活塞杆、胶管接头、油箱等处进入液压油中。

（3）生成物污染。在工作过程中,由液压油变质后的胶状生成物、涂料及密封件的剥离物、金属氧化后剥落的微粒等对油液造成污染。

（4）维护性污染物。在更换滤芯和液压油,清洗油箱,维修、拆装液压缸、阀等设备过程中,固体颗粒、水、空气、纤维等进入液压油中。

2. 液压油污染控制

为确保液压系统工作正常、可靠、减少故障和延长寿命,必须采取有效措施控制油液污染。

（1）控制液压油温度。当液压油温度超过 55℃时,液压油氧化加剧,使用寿命缩短。据资料介绍,当温度超过 55℃后,温度每升高 9℃,液压油的使用寿命缩短一半。

（2）控制过滤精度。为了控制液压油的污染度,要根据系统和元件的不同要求,分别在进油口、出油口、回油口、伺服调速阀的进油口等处设置过滤器,以控制液压油中的颗粒污染物,维持液压系统稳定可靠的工作性能。

（3）定期清洗。控制液压油污染的另一个有效方法是定期清除滤网、滤芯、油箱、油管及元件内部的污垢。在拆装元件、油管时也要注意清洁,对所有油口都要加堵头或塑料布密封,防止脏物侵入系统。

（4）定期检查、更换液压油。严格按照有关标准定期检查液压油的品质,分析其污染程度,及时更换。

任务 3-3 认识液压系统执行元件——液压缸及液压马达 >>>

生活导入

人类劳动运动基本形式是直线运动和回转运动,如图 3-22 所示。在液压系统中,执行元件的液压缸输出是直线运动,液压马达输出是回转运动。

图 3-22　直线运动和回转运动

任务实践

实践课题:单杆活塞液压缸的拆装

1. **任务描述**

以单杆活塞液压缸为拆装对象,如图 3-23 所示,读懂液压缸结构原理图（图 3-24）,以及装配关系（图 3-25）,制订拆装计划,完成液压缸的拆卸与装配,并回答以下问题。

图 3-23   单杆活塞液压缸

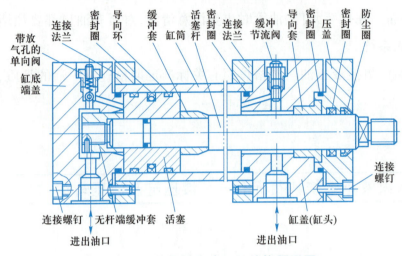

图 3-24   单杆活塞液压缸结构原理图

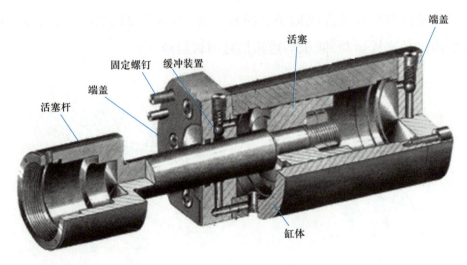

图 3-25   单杆活塞液压缸装配关系

(1) 填写任务单(表 3-9)。

表 3-9   任   务   单

元件	主要部件名称	零件数量	主要组成零件名称
单杆活塞液压缸	活塞组件		
	缸体缸盖组件		

(2) 活塞与活塞杆连接方式是_____,缸盖与缸体连接方式是_____。

（3）了解液压缸密封部位与密封方法,填写任务单（表 3-10）。

表 3-10 任 务 单

密封位置	活塞密封	活塞杆密封	缸底端盖密封	缸头端盖密封
密封方法				

（4）液压缸缓冲方式是_____,排气方式是_____。

（5）液压缸油口数是_____,因此它是_____作用液压缸。

（6）液压缸安装方式是_____。

（7）液压缸铭牌上的主要参数有_____。

（8）若密封圈压得太紧,其后果是_____。

2. 实践规范

（1）拆装顺序正确,避免漏装或错装零件。

（2）拆装工具的使用符合钳工技术规范。

（3）保持拆卸零件清洁,安装后泵轴转动灵活。

（4）操作文明,安全第一。

3. 过程分析

（1）熟悉液压缸各组成零件。单杆液压缸主要由缸筒、活塞杆、活塞等零部件组成。

（2）熟悉液压缸各组成件之间的装配关系以及运动件之间的位置要求。

（3）熟悉液压缸各组成件的功能。

▌知识链接

1. 常见液压缸

液压缸按作用方式可分为单作用和双作用两类,按结构特点又可分为活塞式、柱塞式和摆动式三类。典型液压缸的图形符号如图 3-26、图 3-27 所示。

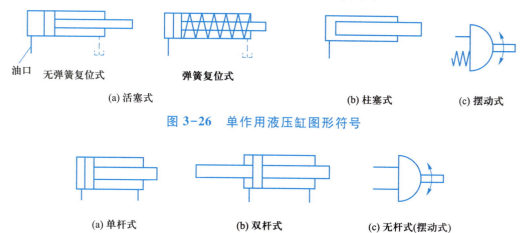

油口   无弹簧复位式   弹簧复位式

(a) 活塞式   (b) 柱塞式   (c) 摆动式

图 3-26 单作用液压缸图形符号

(a) 单杆式   (b) 双杆式   (c) 无杆式(摆动式)

图 3-27 双作用液压缸图形符号

（1）活塞式液压缸。活塞式液压缸按活塞杆的数量可分为双杆活塞缸、单杆活塞缸和无杆活塞缸三种,其中以单杆活塞缸应用最广。

1）双杆活塞缸。活塞两端都有一根直径相等的活塞杆伸出的液压缸称为双杆活塞缸,一般由缸体、缸盖、活塞、活塞杆和密封件等零件构成。

图 3-28 所示为双杆活塞缸工作原理。活塞缸的进、出口布置在缸筒两端,当压力油从进、出口交替输入液压缸时,压力油作用在活塞的端面,活塞通过活塞杆（或缸体）带动工作台移动。图 3-28a 所示为缸筒固定式安装方式,当液压缸的有效行程为 L 时,整个工作台的运动范围为 $3L$,所以机床占地面积大,一般适用于小型机床。当工作台行程要求较长时,可采用图 3-28b 所示的活塞杆固定的形式,工作台的移动范围只等于液压缸有效行程 L 的两倍,因此占地面积小。

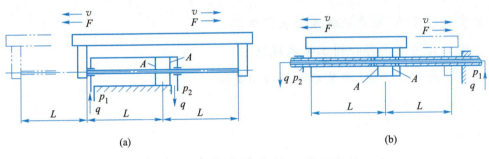

图 3-28　双活塞杆液压缸工作原理

由于双杆活塞缸两端的活塞杆直径通常是相等的,因此它的左、右两腔有效面积也相等。当分别向左、右腔输入相同压力和相同流量的油液时,液压缸向左、右两个方向输出的推力和速度也相等。双杆活塞缸的推力 F 和速度 v 可按下式计算:

$$F = (p_1 - p_2)A = \frac{\pi(D^2 - d^2)}{4}(p_1 - p_2) \qquad (3-11)$$

$$v = \frac{q}{A} = \frac{4q}{\pi(D^2 - d^2)} \qquad (3-12)$$

式中　A——活塞的有效工作面积,m^2;

　　D,d——活塞的直径和活塞杆的直径,m;

　　p_1,p_2——液压缸进、出油腔的压力,Pa,若回油到油箱,则 $p_2 = 0$;

　　q——输入流量,m^3/s。字母含义下同。

2）单杆活塞缸。活塞只有一端带活塞杆,单杆活塞缸也有缸体固定和活塞杆固定两种形式,但它们的工作台移动范围都是液压缸有效行程的两倍。

如图 3-29 所示,与双杆活塞缸不同的是,由于单杆活塞缸两腔的有效工作面积不等,它在两个方向上的输出推力和速度也不等,其值分别为

$$F_1 = p_1 A_1 - p_2 A_2 = \frac{\pi (p_1 - p_2) D^2 + \pi p_2 d^2}{4} \tag{3-13}$$

$$F_2 = p_1 A_2 - p_2 A_1 = \frac{\pi (p_1 - p_2) D^2 - p_1 d^2}{4} \tag{3-14}$$

$$v_1 = \frac{q}{A_1} = \frac{4q}{\pi D^2} \tag{3-15}$$

$$v_2 = \frac{q}{A_2} = \frac{4q}{\pi (D^2 - d^2)} \tag{3-16}$$

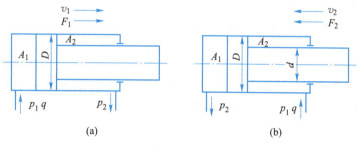

图 3-29　单杆活塞缸工作原理

（2）柱塞缸。图 3-30a 所示为柱塞缸结构原理图。柱塞缸一般由缸筒、柱塞、导向套等零件组成,其柱塞和缸筒不接触,运动时由缸盖上的导向套来导向,缸筒的内壁不需精加工,因此它特别适用于行程较长的场合,如液压龙门机床。图 3-30b 所示为柱塞缸实物图。

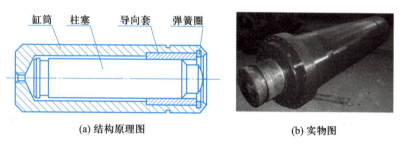

(a) 结构原理图　　　　　　　(b) 实物图

图 3-30　柱塞缸

柱塞缸是单作用液压缸,只能实现一个方向的运动,反向运动需要靠外力,如重力、弹簧力,也可使柱塞缸成对使用(图 3-31)。

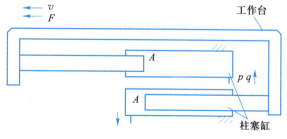

图 3-31　柱塞缸成对使用

柱塞缸输出的推力和速度分别为

$$F = pA = \frac{\pi d^2}{4}p \qquad\qquad (3-17)$$

$$v = \frac{4q}{\pi d^2} \qquad\qquad (3-18)$$

式中　d——柱塞的直径，m。

（3）摆动缸。摆动缸又称为摆动式液压马达，是一种输出转矩并实现往复摆动的液压执行元件。常用的摆动缸有单叶片式和双叶片式两种结构形式，分别如图 3-32a、b 所示，均由叶片轴、缸体、定块和回转叶片等零件组成。定块固定在缸体上，叶片和叶片轴连接在一起，当进出油口交替输入压力油时，叶片带动叶片轴做往复摆动，输出转矩和角速度。单叶片缸输出轴的摆角小于 310°，双叶片缸输出轴的摆角小于 150°，双叶片缸输出转矩是单叶片缸的两倍。图 3-32c 所示为摆动液压缸实物图。

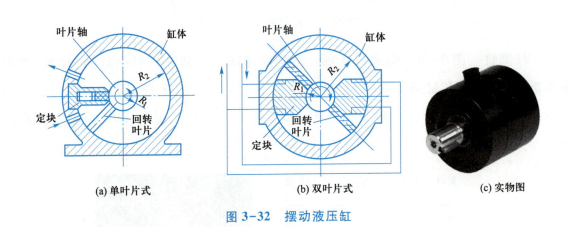

(a) 单叶片式　　　　　　　(b) 双叶片式　　　　　　　(c) 实物图

图 3-32　摆动液压缸

2. 液压马达

从原理上讲，液压泵可以作液压马达用，液压马达也可作液压泵用。但事实上，同类型的液压泵和液压马达，由于两者的工作情况不同，两者在结构上也存在差异。图 3-33 所示为液压马达的图形符号。

单向定量马达　　　单向变量马达　　　双向定量马达　　　双向变量马达

图 3-33　液压马达的图形符号

液压马达按结构可分为齿轮式、叶片式和柱塞式三大类，如图 3-34 所示。

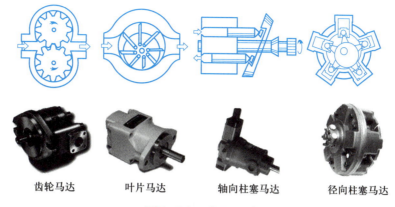

齿轮马达　　　　叶片马达　　　轴向柱塞马达　　　径向柱塞马达

图 3-34　液压马达

　　液压马达与液压泵的关系对应于电动机与发电机。电动机与发电机在原理上是可逆的,同样液压马达与液压泵在原理上也是可逆的;电动机与发电机在结构上存在差异,同样液压马达与液压泵的结构也不完全一样。我们可以尝试用学习液压泵的方法学习液压马达。

3. 液压缸的密封

　　密封是解决液压缸泄漏问题最重要、最有效的手段。若密封不良,液压缸就会出现内、外泄漏(图 3-35)。它不仅会污染环境,还可能吸入空气,影响液压泵的工作性能和液压缸运动的平稳性。泄漏严重时,还会造成系统容积效率过低和工作压力达不到要求值。另一方面,若密封过度,会造成密封部分的剧烈磨损,缩短密封件的使用寿命,增大液压缸运动摩擦阻力,降低系统的机械效率。

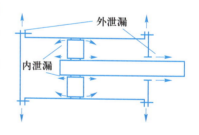

图 3-35　内外泄漏

　　(1)液压缸对密封的主要要求。

　　1)良好的密封性能,即泄漏量尽量少甚至没有,并随着压力的增加能自动提高密封性能(称为自封性)。

　　2)密封装置和运动件之间的摩擦阻力要小。

　　3)密封件抗腐蚀能力强,不易老化,耐磨性好,磨损后在一定程度上能自动补偿。

　　4)结构简单,工艺性好,使用、维护方便,价格低廉。

　　5)密封件与液压油有良好的相容性。

　　(2)常用的液压缸密封装置。

　　1)间隙密封。间隙密封如图 3-36 所示,是利用相对运动件配合面之间的微小间隙来进行密封的。间隙密封的密封性能与间隙的大小、压力差、配合表面的长度和直径的加工精度等因素有关,其中以间隙影响最大。为使径向压力分布均匀,减少液压卡紧力,同时使阀芯在孔中对中性好,可以减少泄漏,常在阀芯外表开几条等距离的均压槽。均压槽一般宽

0.3~0.5 mm,深 0.5~1.0 mm。

间隙密封的优点是摩擦力小,缺点是磨损后不能自动补偿,主要用于直径较小的、有相对运动的圆柱面之间。

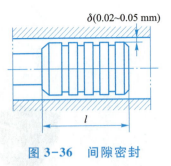

图 3-36   间隙密封

2) O 形密封圈密封。O 形密封圈是一种截面为圆形的橡胶圈,如图 3-37 所示,一般用耐油橡胶制成。O 形密封圈具有良好的密封性能,内外侧和端面都能起密封作用,结构紧凑,运动件的摩擦阻力小,制造容易,拆装方便,成本低,且高低压均可以用,既可用于静密封,又可用于动密封,所以 O 形密封圈在液压系统中得到广泛的应用。

O 形密封圈良好的密封效果很大程度上取决于安装槽尺寸的正确性。一般槽宽和槽深在有关手册中有推荐值。图 3-38 所示为 O 形密封圈装入密封沟槽的情况,δ_1、δ_2 为 O 形密封圈装配后的预压缩量,通常用压缩率 W 表示,即 $W = [(d_0 - h)/d_0] \times 100\%$。对于固定密封、往复运动密封和回转运动密封,压缩率应分别达到 15% ~ 20%、10% ~ 20% 和 5% ~ 10%,才能取得满意的密封效果。

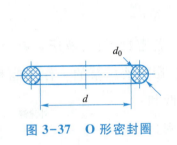

图 3-37   O 形密封圈

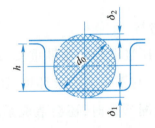

图 3-38   O 形密封圈装入密封沟槽的情况

当油液工作压力超过 10 MPa 时,O 形密封圈在往复运动中容易被油液压力挤入间隙而提早损坏,如图 3-39a 所示。为此,要在它的侧面安放 1.2~1.5 mm 厚的聚四氟乙烯挡圈,单向受力时在受力侧的对面安放一个挡圈,如图 3-39b 所示;双向受力时则在两侧各放一个,如图 3-39c 所示。

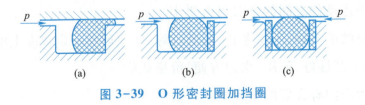

(a)   (b)   (c)

图 3-39   O 形密封圈加挡圈

3) 唇形密封圈密封。唇形密封圈根据截面的形状可分为 Y 形、V 形、U 形、L 形等。这类密封圈的共同的特点是都具有一个与密封面接触的唇边。安装时,唇口必须对着压力油侧。低压时,唇边靠自身的预压缩弹性力来密封;高压时,唇口在压力油压力作用下张开,使唇边与被密封面贴得更紧,压力越高则唇边被压得越紧,密封性越好。可见,唇形密封圈密封具有能随着工作压力的变化自动调整密封性能的特点。

　　液压缸中普遍使用的小 Y 形密封圈（图 3-40）可作为活塞和活塞杆的密封。其中图 3-40a 所示为轴用密封圈，图 3-40b 所示为孔用密封圈。这种小 Y 形密封圈的特点是断面宽度和高度的比值大，增加了底部支承宽度，可以避免摩擦力造成的密封圈的翻转和扭曲。Y 形密封圈密封可靠，寿命长，摩擦力小，工作压力可达 20 MPa，在液压系统中广泛应用。

　　图 3-41 所示为 V 形密封圈，它由多层涂胶织物压制而成，由支承环、密封环和压环三个不同零件组成，三个环叠在一起使用。V 形密封圈可用于内径和外径的密封，密封性能好，耐高压，工作压力可达 50 MPa，寿命长，在直径大、压力高、行程长的情况下采用，其缺点是摩擦阻力大，轴向尺寸长。

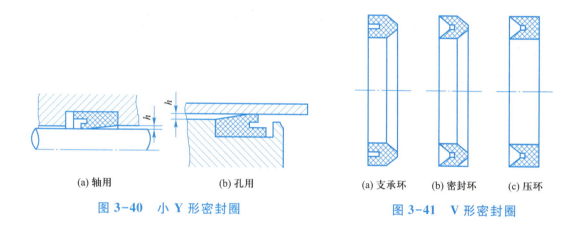

(a) 轴用　　　　(b) 孔用　　　　　　(a) 支承环　(b) 密封环　(c) 压环

图 3-40　小 Y 形密封圈　　　　　　图 3-41　V 形密封圈

学以致用

　　（1）与一只液压缸相比，将两只相同的单杆活塞缸串联后，如图 3-42 所示，在输出力和输出速度上有何差异？

　　〈回答提示〉能量守恒。

图 3-42　题图

　　（2）液压缸内泄漏是指在液压缸内部油液从高压腔向低压腔流动，如何判断液压缸出现了内泄漏？

　　〈回答提示〉流量与流速关系。

（3）采用 Y 形密封圈用于活塞密封时,为何要采用一对? 用于液压缸端盖密封时,为何仅用一只?

〈回答提示〉密封圈自封性。

（4）图 3-43 所示为某大型液压设备两只作垂直运动的液压缸,两只缸采用刚性连接,以便同步运动,初步诊断其中一只液压缸存在内泄漏,你如何判断是哪一只缸?

〈回答提示〉根据内泄漏特点。

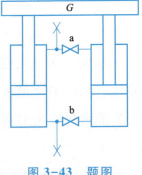

图 3-43　题图

> **学习提示**
>
> 　　液压缸主要故障现象:① 爬行。主要原因是有外界空气进入缸内;密封圈压得太紧;活塞与活塞杆不同轴,活塞杆不直;缸内壁拉毛,局部磨损严重或腐蚀;安装位置有偏差;双活塞杆两端螺母拧得太紧等。② 推力不足,速度不够或逐渐下降。主要原因有存在内泄漏;缸端活塞杆密封圈压得太紧或活塞杆弯曲,使摩擦力或阻力增加;油温太高,黏度降低,泄漏增加,使缸运动速度减慢等。

▍知识拓展

液压缸的结构

（1）缸体组件。缸体组件包括缸筒、前后缸盖和导向套等,缸体组件中缸筒与端盖的连接形式很多,主要有法兰式、半环式、拉杆式、焊接式和螺纹式等,如图 3-44 所示。

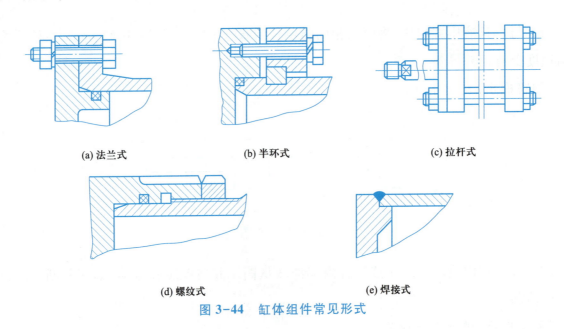

(a) 法兰式　　　(b) 半环式　　　(c) 拉杆式

(d) 螺纹式　　　(e) 焊接式

图 3-44　缸体组件常见形式

（2）活塞组件。活塞组件包括活塞和活塞杆。活塞和活塞杆连接形式有多种,如图 3-45 所示。整体式和焊接式结构简单、轴向尺寸小,但损坏后需整体更换。锥销式易于加工、装配简单,但承载能力小。螺纹式结构简单、拆卸方便,但螺纹加工会削弱活塞杆的强度。卡环式连接强度高、结构复杂、装卸方便。

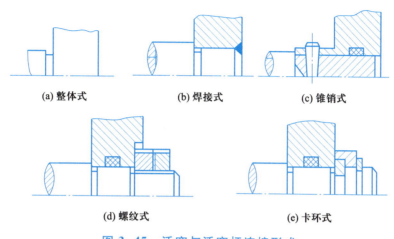

(a) 整体式　　(b) 焊接式　　(c) 锥销式

(d) 螺纹式　　(e) 卡环式

图 3-45　活塞与活塞杆连接形式

（3）缓冲装置。液压缸的缓冲装置是为了防止活塞在行程终了时与缸盖发生撞击。常见的液压缸缓冲装置如图 3-46 所示。从原理上看,各种缓冲装置均利用活塞运行接近端盖时减少流出液体流量的原理实现减速缓冲。

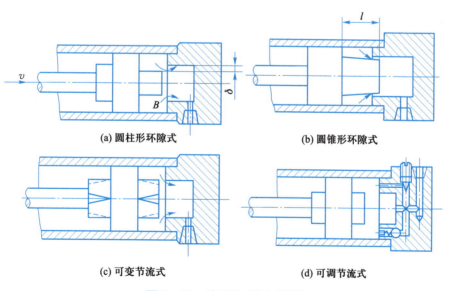

(a) 圆柱形环隙式　　(b) 圆锥形环隙式

(c) 可变节流式　　(d) 可调节流式

图 3-46　液压缸缓冲装置

（4）液压缸排气。液压系统中混入空气后会使其工作不稳定,产生振动、噪声、低速爬行,以及起动时突然前冲等现象。要保证液压缸正常工作,需排除积留在液压缸内的空气。特别是对于运动平稳性要求较高的液压缸,需设置排气塞,如图 3-47 所示。在工作前,打开排气塞,空运行液压缸往返数次,空气即可从排气塞排出,工作时关闭排气塞。

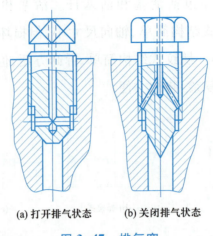

(a) 打开排气状态   (b) 关闭排气状态

图 3-47   排气塞

项目学习总结

(1)"从哪里来,到哪里去",不仅是人类自身需要回答的问题,也是液压技术需要解决的问题。液压油来自动力元件,到执行元件中去。

(2)新的液压元件不断涌现,本书只介绍了典型的液压泵、液压马达和液压缸等。适应科技快速进步的时代要求,一是要处理好变与不变的关系(不变的是基本原理,变化的是结构、性能),二是多渠道吸收新知识。

(3)尽管液压泵、液压缸(马达)种类多,但他们的工作原理是一致的,这为学习者"化繁为简"提供了一条道路。

(4)拆拆装装,看似一件简单的活动,但它包含的是知识、规范、能力和态度。如果缺少热爱实践、勇于实践、勤于实践的态度,成为大国工匠只能是句空话。

(5)泄漏是液压传动系统的"顽疾",人们持之以恒地寻找"治疗"的良方,不仅是为了改善液压元件的性能、提升液压传动效率,还是为了保护环境、节约资源。

学习情境四

液压系统控制调节元件认知与典型控制回路装调
——液压系统中的液压油是怎样"行走"的

学习情境描述

人们在搬运货物时,至少需要面对三个基本问题,即运动方向(向何处搬运)、移动速度(搬运多远、多长时间)和施加的作用力(需要多大的力)。同样,在工业生产中,如钻削加工、铣削加工、压力加工,要完成相应的工作任务也需要对执行元件的运动方向、速度、作用力进行控制。

在液压系统中,执行元件主要是液压缸和液压马达,对执行元件运动方向、输出力和运动速度的控制是由相应的液压控制阀来完成的。按功能差异,液压控制阀分为方向控制阀、压力控制阀和流量控制阀等。由液压元件组成,完成特定功能(如速度控制)的回路,称为液压基本回路。一个液压系统由一个或若干个不同功能的基本回路构成,一个基本回路包括一个或若干个液压元件,如图4-1所示。

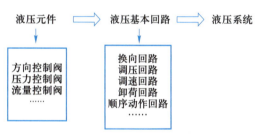

图4-1 液压元件、回路、系统关系

多数情况下,液压基本回路中的核心元件是液压控制阀,液压基本回路实现的功能与液压控制阀的功能紧密相关。因此,认识液压控制阀和认识液压基本回路同等重要,它们是识读液压系统原理的重要基础。

学习思维导图

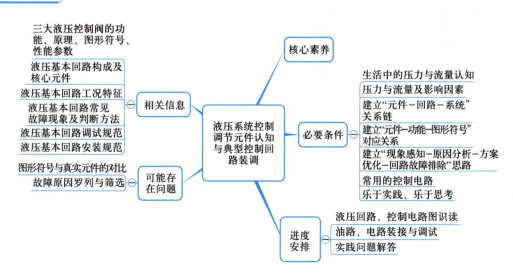

核心素养要求

（1）以生活或生产为原型,了解液压控制阀的原理与功能,熟悉其应用特点。

（2）从具象到抽象,从抽象到具象,熟记液压控制阀图形符号,了解其结构,建立实物与图形符号的对应关系。

（3）按"元件—回路—系统"的顺序,熟知典型液压基本回路特征、功能,初步分析系统组成。

（4）从功能要求,熟悉典型液压基本回路(包括方向控制基本回路、压力控制基本回路、速度控制基本回路和多缸动作控制基本回路)工况,初步建立工况与回路的关系。

（5）从现象到本质,从感性到理性,分析液压回路故障,排除回路故障,形成经验性知识。

（6）在液压回路装调实践中,形成科学、严谨、协作的工作态度,规范、标准的工作方式,强化安全意识、环保意识和节能意识。

任务 4-1　方向控制阀认知及换向与锁紧回路装调 >>>

生活导入

方向控制普遍存在于生活中,如交通信号灯(交通警察)控制车流方向,图 4-2 所示为水阀控制冷、热水流方向。在液压系统中,控制液体的流向或液流的通、断是由方向控制阀来完成的。这种由方向控制阀实现执行元件起动、停止和换向等的回路称为方向控制基本回路。显然,方向控制阀是方向控制基本回路的核心液压元件。

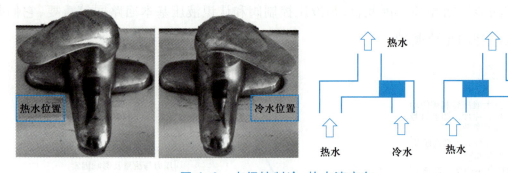

图 4-2　水阀控制冷、热水流方向

任务实践

实践课题:钻削加工进、退控制换向回路及防"漂移"液压缸锁紧回路装调

1. 任务描述 1

在图 4-3 所示的钻削加工中,钻头的进、退动作就是换向,钻头在不工作时不发生漂移即为锁紧(所谓锁紧,简单地说就是液压缸在不工作状态时,外力(如重力)作用不能使其产生运动)。换向与锁紧都属于方向控制,对应控制回路分别称为换向回路和锁紧回路。

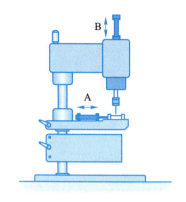

图 4-3　钻削加工

图 4-4 所示为钻削加工进、退控制换向回路(含控制电路图),读懂该回路图,选择合适的液压元件和电气元件,运用 Automation Studio 软件仿真模拟,在液压实训工作台上完成换向回路装调,并回答下列问题。

(1) 分别描述换向阀不同位置与液压缸运动关系,完成表 4-1。

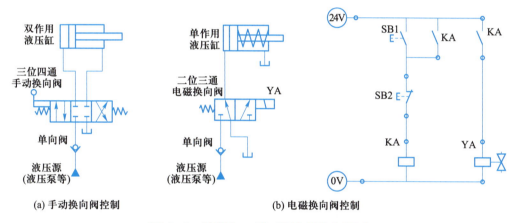

(a) 手动换向阀控制　　　　　　(b) 电磁换向阀控制

图 4-4　钻削加工进、退控制换向回路

表 4-1　动　作　表

动作	YA	手柄
双作用液压缸前进		
双作用液压缸返回		
单作用液压缸前进		
单作用液压缸返回		

注:电磁铁得电用"+"表示,失电用"-"表示,换向阀手柄动作分为"左""中""右",下同。

(2) 三位四通手动换向阀中位机能是_____型,二位三通电磁换向阀是常_____(闭、开)式。若要使阀芯不自动复位,应该采用_____型手动换向阀。

(3) 图 4-4a、b 两方向控制回路核心元件分别是_____和_____。

(4) 双作用液压缸前进时,进油路线是_____。

(5) 单向阀在回路中的作用是_____。

(6) 与起动按钮并联的常开触点 KA,作用是_____。

(7) 若电磁线圈 KA 吸合不上,其后果是_____。

> 换向阀的技术参数有主要油口数、油口通径、额定压力、额定流量、连接形式、操纵方式等,对电磁阀还包括工作电压和电流性质。换向阀的选用主要是明确其技术参数是否满足工况要求,其额定压力和额定流量需要大于油路实际工作压力和工作流量。

2. 任务描述2

图 4-5 所示为钻削加工液压缸锁紧回路图,读懂该回路,选择合适的液压元件,运用 Automation Studio 软件仿真模拟,在液压实训工作台上完成锁紧回路装调,并回答下列问题。

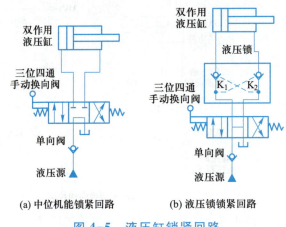

图 4-5　液压缸锁紧回路

（1）分别描述换向阀不同位置与液压缸运动关系,完成表 4-2。

表 4-2　动 作 表

动作	手柄 3
双作用液压缸前进	
双作用液压缸返回	
双作用液压缸锁紧	

（2）图 4-5a 所示的换向阀中位机能是＿＿＿＿＿＿型,当换向阀处于中间位置时,对液压缸活塞施加外力,活塞不能移动,其原因是＿＿＿＿＿＿＿＿＿＿＿＿。若要达到相同效果,中位机能还可以采用＿＿＿＿＿＿型等。

（3）图 4-5b 所示的换向阀中位机能是＿＿＿＿＿＿型,当换向阀处于中间位置时,对液压缸活塞施加外力,活塞不能移动,其原因是＿＿＿＿＿＿＿＿＿＿。若替换成图 4-4a 中的换向阀,锁紧效果＿＿＿＿＿＿（有、无）影响,原因是＿＿＿＿＿＿＿＿。

（4）图 4-5b 方案比图 4-5a 方案效果更好,原因是＿＿＿＿＿＿＿＿。

（5）若双作用液压缸的有杆腔与无杆腔存在"窜油"（内泄），其后果是＿＿＿＿＿＿

＿＿＿＿＿。

3. 实践规范

（1）液压元件与电气元件选型正确。

（2）油路连接、电路连接正确、可靠。

（3）起动前，认真检查油路与电路。

4. 过程分析

任务 1：方案 1 是采用手动换向阀控制双作用液压缸的换向回路。扳动手动换向阀的手柄可以实现液压缸进、退运动，即实现液压缸方向控制。方案 2 是采用电磁阀控制单作用液压缸的换向回路。当电磁铁 YA 通电时，液压缸完成前进动作；当电磁铁 YA 失电时，液压缸依靠缸内弹簧复位，作返回动作，从而实现对液压缸的方向控制。

任务 2：图 4-5a 是采用 M 型中位机能的锁紧回路，此方法最简单。当阀芯处于中位时，液压缸的进、出油口都被封闭，将活塞锁紧。这种锁紧回路由于受到滑阀泄漏的影响，锁紧效果较差。此种方案中，三位换向阀中位机能除了用 M 型外，O 型中位机能也能锁紧。图 4-5b 是采用双向液压锁的锁紧回路，此方法最常用。在液压缸的进、回油路中都串接液压锁，活塞可以在行程的任何位置锁紧。由于液控锁有良好的密封性能，与中位机能锁紧相比，锁紧效果好，且能长期锁紧。需要注意的是：为了保证锁紧效果，在三位换向阀中位时，液压锁的控制口 K1、K2 需与油箱相通，即换向阀应采用 H 型或 Y 型中位机能。

▌知识链接

1. 单向阀

液压系统中常用的单向阀有普通单向阀和液控单向阀两种。

（1）普通单向阀。普通单向阀的作用是只允许液流沿一个方向流动，反向被截止。

图 4-6a 所示为管式普通单向阀。它由阀体、阀芯和弹簧等零件组成。液压油当从 P_1 口流入时，克服弹簧力使阀芯右移，阀口开启，油液经阀口、阀芯上径向孔 a 和轴向孔 b，从 P_2 口流出；若油液从 P_2 口流入，在液压力和弹簧力的作用下，阀芯的锥面紧压在阀座上，阀口关闭，油液不能流过。

图 4-5b 所示为板式普通单向阀结构与实物图。与图 4-6a 所示的管式单向阀相比，板式阀口没有用于连接的螺纹。管式阀口加工有螺纹，阀口之间用管子连接起来，连接处采用螺纹结构；板式阀口为光孔，并加工有用于安装密封圈的沉孔，且所有阀口设计在同一个安装面上，阀通过阀块或阀板与其他阀或管路连接。图 4-6c 所示为普通单向阀的图形符号。

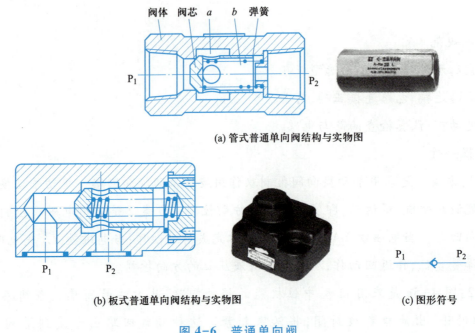

阀体　阀芯　*a*　*b*　弹簧
P₁　　　　　　　　　P₂

(a) 管式普通单向阀结构与实物图

P₁　　P₂

(b) 板式普通单向阀结构与实物图

P₁　　P₂

(c) 图形符号

图 4-6　普通单向阀

单向阀中的弹簧主要用来克服阀芯的摩擦阻力和惯性力,使单向阀工作灵敏可靠,所以普通单向阀的弹簧刚度都选得较小,以免油液流过时产生较大的压力损失,同时保证在反向液流被截止时密封性能好。

在液压系统中,单向阀的应用非常灵活,需要具体情况具体分析。在图 4-4、图 4-5 所示的液压回路中,单向阀被安装在液压源(泵)的出口处,用以防止系统的压力冲击影响液压泵的正常工作。

(2) 液控单向阀与液压锁。图 4-7a 所示为液控单向阀结构原理图。当控制油口 K 无液压油通入时,它的功能与普通单向阀一样,即液压油只能从进油口 P₁ 流向出油口 P₂,不能反向流动。当控制油口 K 有液压油通入时,控制活塞右侧 *a* 腔通泄油口,在液压力作用下活塞向右移动,推动顶杆顶开阀芯,使油口 P₁ 和 P₂ 接通,油液就可以从 P₂ 口流向 P₁ 口。由于控制活塞有较大作用面积,所以控制油口 K 的控制压力可以小于主油路的压力,一般为主油路压力的 30%~50%。图 4-7b、c 所示为液控单向阀实物图和图形符号。

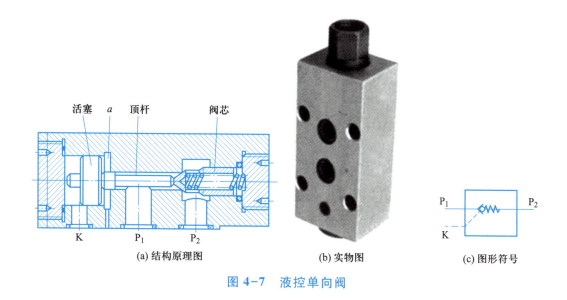

图 4-7　液控单向阀

由于液控单向阀具有良好的单向密封性,常用于执行元件需要长时间保压、锁定的情况,也常用于防止液压缸停止运动时,因自重而下滑。因此,这种阀也称为液压锁。若将两个液控单向阀合成,就组成了双向液压锁,它实现液压缸在两个方向锁紧。双向液压锁常用于汽车起重机的支脚油路中,也用于矿山采掘机械的液压支架的锁紧回路中。图 4-8a、b、c 所示分别为双向液压锁结构原理图、图形符号和实物图。

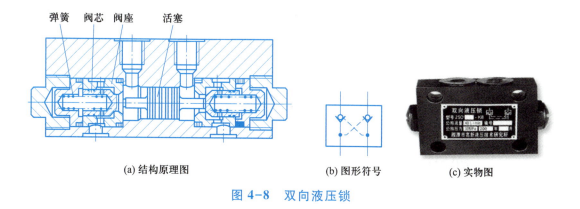

图 4-8　双向液压锁

2. 换向阀

换向阀是利用阀芯与阀体间相对位置的改变,使油路接通、切断或变换油液流动方向,从而控制液压执行元件起动、停止或运动方向的控制阀。

换向阀种类众多,按阀芯相对阀体的运动方式,可分为滑阀式和转阀式两种,滑阀式换向阀在液压系统中远比转阀式换向阀用得广泛;按阀芯与阀体相对运动的操控方式,可分为手动、机动、电磁动、液动和电液动等,图 4-9 所示为常见的滑阀式换向阀操纵方式及图形符号。

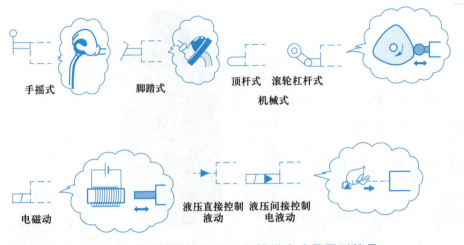

手摇式　脚踏式　顶杆式　滚轮杠杆式
机械式

电磁动　液压直接控制　液压间接控制
液动　电液动

图 4-9　常见的滑阀式换向阀操纵方式及图形符号

（1）几种换向阀介绍如下。

1）手动换向阀。图 4-10a 所示为自动复位式手动换向阀结构图。推动手柄到右位时，P 口与 A 口相通，B 口经阀芯轴向孔与 T 相通；推动手柄到左位时，P 口与 B 口相通，A 口经阀芯轴向孔与 T 相通；松手柄，阀芯在弹簧的作用下自动回复中位，这时 P、A、B、T 口全部关闭。该阀适用于动作频繁、工作持续时间短的场合，如在工程机械的液压传动系统中。

将自动复位式手动换向阀阀芯左端弹簧改成图 4-10a 上的定位机构时，就成为定位式手动换向阀。其定位缺口数由阀的工作位置数决定。由于定位机构的作用，当松开手柄后，阀仍保持在所需的工作位置上。它应用于机床、液压机等需要保持工作状态时间较长的情况。

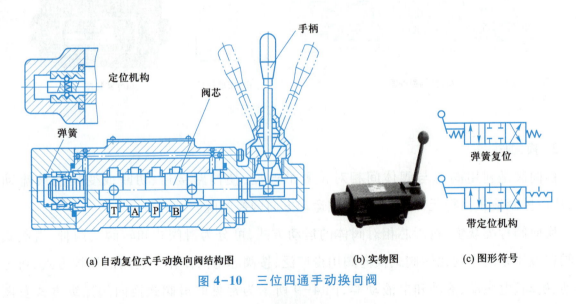

定位机构　手柄

阀芯

弹簧

T A P B

弹簧复位

带定位机构

(a) 自动复位式手动换向阀结构图　(b) 实物图　(c) 图形符号

图 4-10　三位四通手动换向阀

换向阀的上述功能可以用图形符号来表示，如图 4-10c 所示。一般地，一个完整换向阀的图形符号应包括工作位置数、通路数和在各个位置上油口连通关系，以及操纵方式、复位方式和定位方式等。换向阀图形符号绘制规则如下:用方框表示阀的工作位置,有几个方框就表示有几"位";方框内的箭头表示在这一位置上油路处于接通状态,但箭头的方向并不一定表示油液的实际流向;方框内符号"⊥"或"⊤"表示此通路被阀芯封闭,即该油口不通;一个方框的上边和下边与外部连接的接口(主油口)数是几个,就表示几"通";一般情况下,阀的进油口用 P 表示,回油口用 T 表示,工作油口用 A、B 等表示,工作油口绘制在方框上方,进油口和回油口绘制在下方。

换向阀一般读法:位置数+主油口数+操纵方式+换向阀,如三位四通手动换向阀。

2)电磁换向阀。电磁换向阀是利用电磁铁的通电吸合与断电释放,推动阀芯移动,以实现液流通、断或改变液流方向。因电磁换向阀操作方便,布置灵活,易于实现动作转换,应用最为广泛。

图 4-11a 所示为二位三通电磁换向阀(单电控)结构原理图,当电磁铁未通电时,阀芯位于图示位置,P 口与 A 口相通,B 口关闭;当电磁铁通电吸合时,推杆将阀芯推向右端,这时 P 口与 B 口相通,A 口关闭。图 4-11b、c 所示为该换向阀的图形符号和实物图。

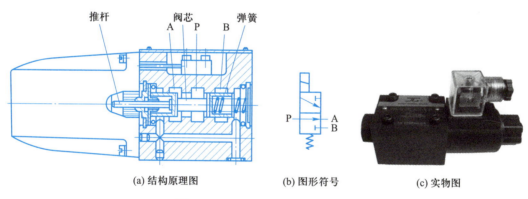

(a)结构原理图　　　(b)图形符号　　　(c)实物图

图 4-11　二位三通电磁换向阀

图 4-12a 所示为三位五通电磁换向阀(双电控)结构原理图,当两端的电磁铁未通电时,阀两端的弹簧使阀芯处于中间位置,此时 P、A、B、T_1、T_2 口互不相通;当右端电磁铁通电吸合时,阀芯被推至左端,P 口与 A 口相通,B 口与 T_2 口相通,T_1 口关闭;当左端电磁铁通电吸合时,阀芯被推至右端,P 口与 B 口相通,A 口与 T_1 口相通,T_2 口关闭。图 4-12b、c 所示为该换向阀的图形符号和实物图。特别注意:为避免双电控电磁换向阀误操作,两端电磁铁不允许同时通电。

3)液动换向阀。液动换向阀是利用液压油压力来改变阀芯位置的换向阀。与电磁阀相比,液压力更大,因此液动换向阀适用于流量较大的场合。

图 4-13a 所示为三位四通液动换向阀结构原理图,当控制油口 K_1、K_2 不通液压油时,阀芯在两端弹簧作用下处于中间位置,P 口关闭,A、B、T 口相通;当 K_1 接通液压油,K_2 接通回油口时,阀芯向右移动,P 口与 A 口相通,B 口与 T 口相通;当 K_2 接通液压油,K_1 接通回油口

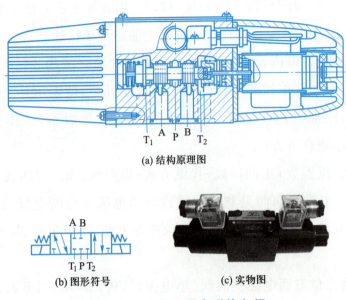

(a) 结构原理图

(b) 图形符号　　　　(c) 实物图

图 4-12　三位五通电磁换向阀

时,阀芯向左移动,P 口与 B 口相通,A 口与 T 口相通。图 4-13b、c 所示为该液动换向阀的图形符号和实物图。

特别注意:为保证液动换向阀能够移动,当一端控制油口通入压力油时,另一端控制油口需与回油口相通。

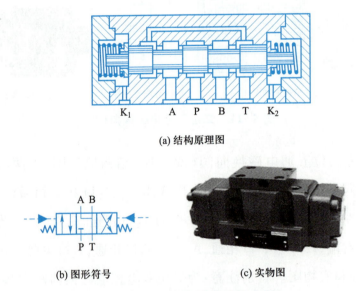

(a) 结构原理图

(b) 图形符号　　　　(c) 实物图

图 4-13　三位四通液动换向阀

(2) 换向阀的常态位置与三位换向阀中位机能。换向阀的常态位置是换向阀在不工作时或仅在弹簧力作用下的位置。对二位阀来说,常态位置一般是指靠近弹簧那一方框表示的阀芯与阀体的相对位置;对三位阀来说,常态位置一般是指中间位置。图 4-14a、b 都表示二位二通电磁阀,但它们常态位置是不同的,图 4-14a 所示是常开式,图 4-14b 所示是常闭式。

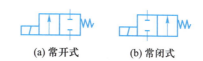

(a) 常开式   (b) 常闭式

图 4-14 不同常态位置二位二通电磁阀

学习提示

二通换向阀的常态位置与电气按钮常闭常开的概念是一致的,它们的应用也很相似。

三位换向阀阀芯处于中间位置时,进出油口的连通情况称为换向阀的中位机能(也称滑阀机能)。不同形式的中位机能可以满足液压系统的不同要求。表 4-3 为三位换向阀主要中位机能类型及应用特点。

表 4-3 三位换向阀主要中位机能类型及应用特点

机能代号	结构原理图	中位机能图形符号	机能特点和作用
O	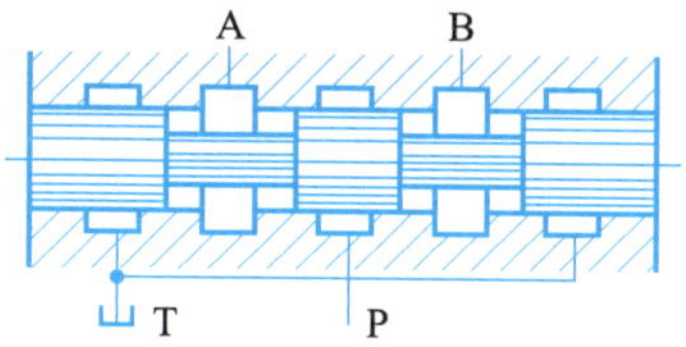		在中间位置时,油口全部关闭。液压缸锁紧,液压泵不卸荷,并联的其他液压执行元件运动不受影响。从静止到起动较平稳,但换向冲击大
M	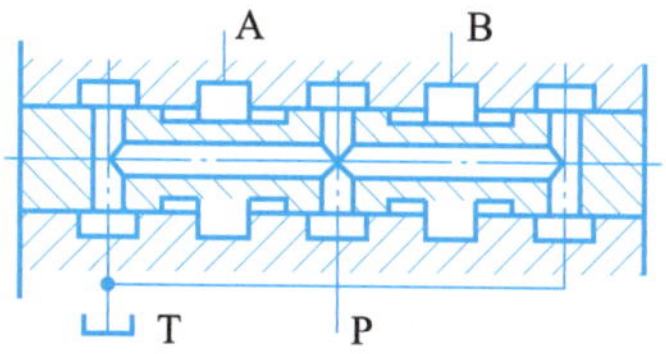		在中间位置时,液压泵卸荷,不能并联其他执行元件,由于液压缸中充满油,从静止到起动较平稳,但换向冲击大
H	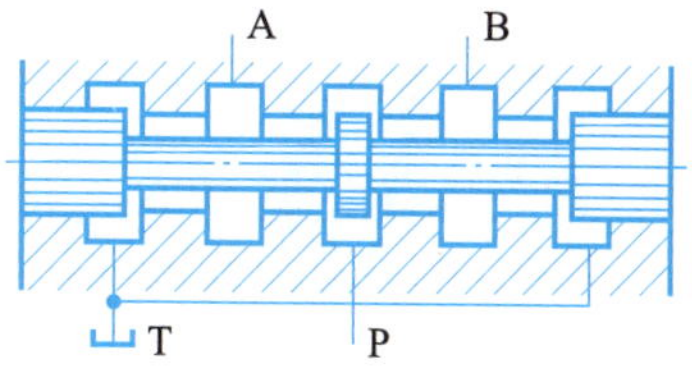		在中间位置时,油口全开,液压泵卸荷,液压缸成浮动式,与其他执行元件不能并联使用。由于液压缸的油液流回油箱,从静止到起动有冲击,换向较平稳
Y	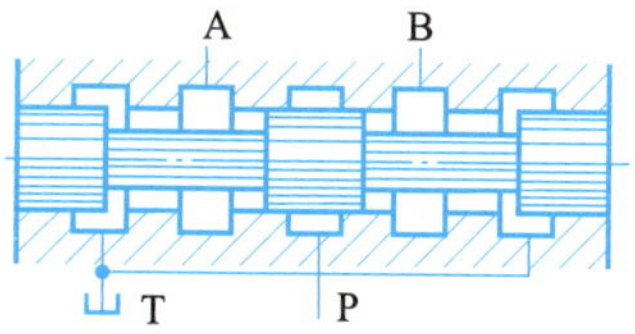		在中间位置时,泵口关闭,液压缸浮动,液压泵不卸荷。可并联其他执行元件,其运动不受影响。由于液压缸中油液流回油箱,从静止到起动有冲击

续表

机能代号	结构原理图	中位机能图形符号	机能特点和作用
P			在中间位置时,回油口关闭,泵口和两液压缸口连通,可以形成差动回路。液压泵不卸荷,可并联其他执行元件。从静止到起动较平稳,换向过程中,液压缸两腔均通液压油,换向时最平稳

　　由表4-3可知,不同的中位机能可以通过改变阀芯的结构获得,当换向阀采用不同中位机能时将会影响系统是否保压与卸荷、换向平稳性和换向精度、液压缸是否处于"浮动"与"锁紧"等。

█ 学以致用

　　(1) 在对图4-4所示的换向回路装调过程中,若换向阀通电后,液压缸不动作,试分析可能的原因。

　　〈回答提示〉围绕机械、流体和电气等因素展开分析。

　　(2) 按图4-5所示的锁紧回路正确连接管路,在外力作用下,仍出现"漂移"现象(即锁不紧),请寻找可能的原因。

　　〈回答提示〉从液压油泄漏途径分析。

　　(3) 换向阀阀芯有时会产生阀芯卡死现象,影响液压缸正常换向,结合你现有知识分析产生卡死的原因。

　　〈回答提示〉从阀芯受力状态分析。

> **学习提示**
>
> 　　换向阀主要故障现象:① 阀芯不运动。主要原因有电磁铁故障;阀芯与阀体几何精度差或存在毛刺;油液变化;复位弹簧不符合要求等。② 阀芯换向后通过的流量不足。主要原因有电磁阀中的推杆过短;阀芯与阀体几何精度差,间隙过小,移动时有卡死现象,不到位;弹簧太弱,推力不足,使阀芯行程达不到终端等。

█ 知识拓展

液压阀连接方式简介

　　(1) 管式连接。管式连接是历史最悠久的一种安装连接方式。管式连接是将各管式液压阀用管道连接起来,管道与阀连接方式一般用螺纹管接头。如图 4-15a 所示,管式连接不需要其他专门的连接元件,系统中各阀间油液的运动路线一目了然,但结构较分散,特别是对较复杂的液压系统,所占空间大,管路交错,接头繁多,既不便于维修,在管接头处也容易造成泄漏和渗入空气,而且有时会产生振动和噪声。

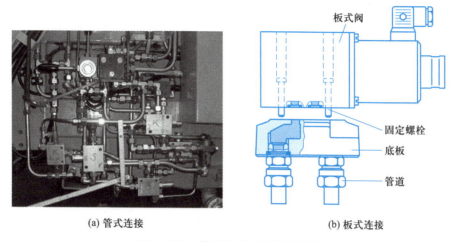

(a) 管式连接　　　　　　　　(b) 板式连接

图 4-15　管式连接和板式连接

（2）板式连接。板式连接是将系统所需板式液压元件统一安装在连接板上,如图4-15b所示。连接管道的油口不是直接做在阀上,而是做在连接板上,阀通过螺栓被固定在连接板上。因此,更换阀时不必拆卸管道,较之管式连接要方便得多,可以大大缩短维修时间和费用。

（3）集成块式连接。集成块把板式液压元件连接在一起,组成液压系统。集成块如图 4-16 所示。

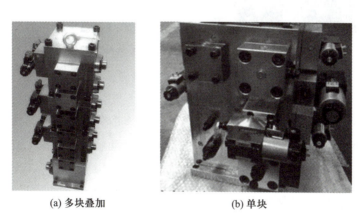

(a) 多块叠加　　　　　　　　(b) 单块

图 4-16　集成块

（4）叠加式连接。它是板式阀向高度的延伸、扩展和集成。叠加阀如图 4-17 所示。

(a) 叠加阀高度延伸　　　　　　　　(b) 叠加阀扩展和集成

图 4-17　叠加阀

继电器及常用的继电器控制电路

1. 中间继电器

中间继电器是用来增加控制电路中信号数量或将信号放大的继电器。图 4-18a 所示为比较常见的中间继电器形式。由图 4-18b 可知,线圈得电后,铁心被磁化,吸引衔铁,克服复位弹簧力,使其内部多组动、静触点接合或分离,从而控制电路接通或断开。图 4-18c 所示为中间继电器线圈及触点符号。

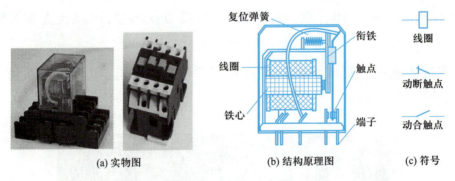

(a) 实物图　　　　　　　(b) 结构原理图　　　　　(c) 符号

图 4-18　中间继电器

2. 常用的继电器控制电路

(1) 手动操作回路。图 4-19 所示为单电控式手动操作回路。按钮 a 按下时,YA 得电,缸 A 伸出,按钮 a 松开,YA 失电,换向阀复位,缸 A 返回。

图 4-20 所示为能保持记忆的手动双电控换向阀,按钮 a 按下后,1YA 得电,换向阀换向,缸 A 伸出,即使按钮 a 松开,气缸仍保持在伸出位置上。若要缸 A 返回原位,需按下按钮 b,同样,按钮 b 松开后,缸 A 仍保持在返回的位置上。

(2) 自保回路。如图 4-21 所示,当按钮 a 按下时,线圈 J 通电,即使 a 松开,因 J 触点闭合后有自保能力,仍能使缸 A 伸出。只有按钮 b 按下后,YA 断电,缸 A 才返回原位。

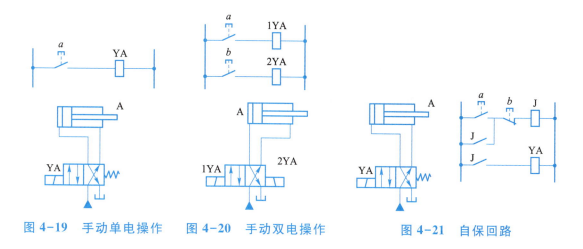

图 4-19 手动单电操作　图 4-20 手动双电操作　图 4-21 自保回路

（3）单往复自动操作回路。如图 4-22 所示，当按钮 a 按下后，加入脉冲输入信号，因继电器 J_1 自保，故电磁阀线圈 YA 通电，使缸 A 伸出。当缸 A 撞块压下行程开关 a_1 后，继电器 J_2 断开，自保回路断电，电磁线圈 YA 也断电，使缸 A 返回原位。

（4）连续自动往复回路。如图 4-23 所示，当按钮 a 按下后，缸 A 作伸出和缩回连续工作，直到 b 按下后才停止工作。当按下 a 后，J_1 自保。在此状态下，因行程开关 a_0 被压下，J_2 处于自保时线圈 YA 通电，缸 A 前进伸出。当撞块压下 a_1，即解除了 J_2 自保，使缸 A 缩回。如此往复不停，直到停止按钮 b 按下，取消 J_1 自保，方停止工作。

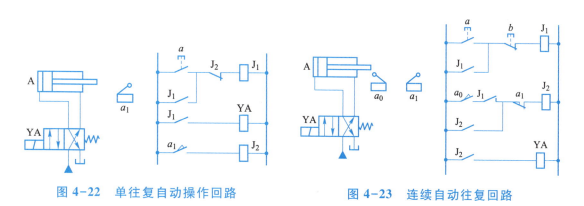

图 4-22 单往复自动操作回路　　图 4-23 连续自动往复回路

任务 4-2　溢流阀认知及调压与卸荷回路装调 >>>

生活导入

安全重于泰山，电路中有过压保护、过流保护的继电器，家用高压锅上有过压保护的安全阀，水库有溢流坝用来安全蓄水或调节水位。图 4-24a 所示为固定水位溢流坝，当水位未达到溢流坝高时，水位可继续上涨，当水位达到坝高时，水溢出，水位不再上涨，此后水位维持稳定;图4-24b所示为可调水位溢流坝,溢流水位高度是可调节的。

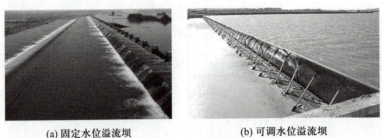

(a) 固定水位溢流坝   (b) 可调水位溢流坝

图4-24 溢流坝

同样,液压系统中也设有溢流阀,用于系统压力调节或系统过压安全保护等。

任务实践

实践课题:钻削加工调压回路及液压泵卸荷回路装调

1. 任务描述1

仍以前文所述钻削加工为例,在钻削加工过程中需要控制钻削力的大小,使供油压力与钻削加工所需压力相适应。图4-25所示为钻削加工溢流阀调压回路,读懂该调压回路,选择合适的液压元件,运用 Automation Studio 软件仿真,在液压实训工作台上完成调压回路装调,并回答下列问题。

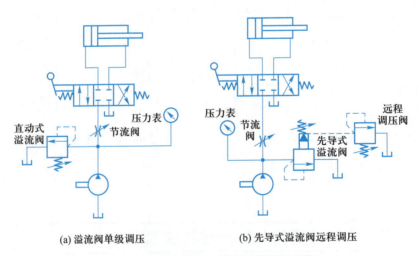

(a) 溢流阀单级调压   (b) 先导式溢流阀远程调压

图4-25 钻削加工溢流阀调压回路

（1）对于溢流阀单级调压,设置溢流阀的溢流压力(即将调压弹簧放在不是完全松开的位置,读取压力值,通过溢流阀上的调节旋钮使压力表读数至设定值),将节流阀的开口分别调至最大和半开两种状态,扳动换向阀手柄,观察液压缸在运动时和端点停止时压力表的读数,并填写表4-4。

表 4-4　任　务　单

	节流阀全开		节流阀半开	
	液压缸运动时 p_1	液压缸端点停止时 p_2	液压缸运动时 p_1	液压缸端点停止时 p_2
压力表读数/MPa				

（2）节流阀全开时：p_1_____（大于、小于、等于）p_2，原因是_____。

（3）节流阀半开时：p_1_____（大于、小于、等于）p_2，原因是_____。

（4）若溢流阀进出油口装错，其后果是_____。

（5）对于溢流阀远程调压，分别设置溢流阀和远程调压阀溢流压力，记为 p_4 和 p_5，将节流阀的开口分别调至最大和半开两种状态，扳动换向阀手柄，观察液压缸在运动时和端点停止时压力表的读数，并填写表 4-5。

表 4-5　任　务　单

		节流阀全开		节流阀半开	
		液压缸运动时 p_1	液压缸端点停止时 p_2	液压缸运动时 p_1	液压缸端点停止时 p_2
压力表读数/MPa	$p_4>p_5$时				
	$p_4<p_5$时				

（6）节流阀半开，且 $p_4>p_5$ 时：p_1_____（大于、小于、等于）p_2，原因是_____。

（7）节流阀半开，且 $p_4<p_5$ 时：p_1_____（大于、小于、等于）p_2，原因是_____。

（8）图 4-25 两调压回路中，核心元件分别是_____和_____。

（9）若先导式溢流阀主阀阀芯阻尼孔堵塞，其后果是_____。

> **学习提示**
>
> 　　溢流阀主要技术参数有通径、连接形式、额定流量、调压范围、卸荷压力等。选用溢流阀一般优先考虑采用先导式溢流阀，作为调压溢流阀，其额定流量要大于液压泵额定流量，额定压力要大于油路最高工作压力。

2. 任务描述 2

仍以钻削加工为例，钻削加工除了钻削过程外，还包括工件装卸、加工测量等辅助过程。为了降低能量损耗，避免液压电动机频繁起动，在辅助过程中通常需要将液压泵切换到卸荷状态，让液压泵出油口直接与油箱相通，即液压泵出口压力基本为零。

图 4-26 所示为钻削加工三种典型的液压泵卸荷回路，读懂液压回路和电气控制电

路,选择合适的液压元件和电气元件,运用 Automation Studio 软件仿真,在液压实训工作台上完成液压泵卸荷回路装调,并回答下列问题。

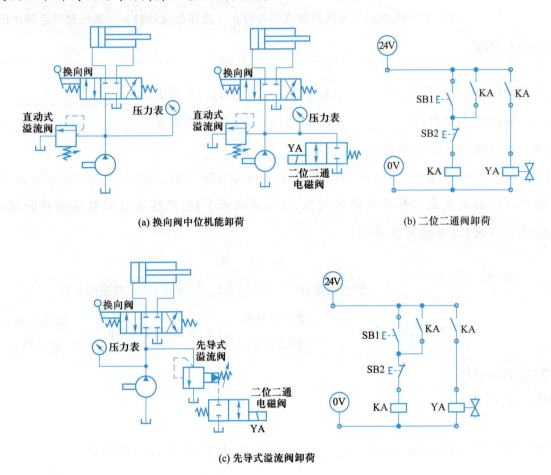

(a) 换向阀中位机能卸荷　　　　(b) 二位二通阀卸荷

(c) 先导式溢流阀卸荷

图 4-26　液压泵卸荷回路

(1) 分别描述液压泵卸荷时电磁铁或换向阀的状态,完成表 4-6。

表 4-6　动　作　表

方案	电磁铁 YA	换向阀手柄位置
换向阀中位机能卸荷方案		
二位二通阀卸荷方案		
先导式溢流阀卸荷方案		

(2) 图 4-26a 中,三位阀中位机能是_____型,采用_____型机能也能达到同样效果。

(3) 通过图 4-26b 中二位二通阀最大流量_____(大于、小于、等于)通过图 4-26c 中二位二通阀最大流量,因此后者的尺寸可以_____(大、小)些。

(4) 图 4-26 中,溢流阀额定流量最小规格应_____(大于、小于、等于)液压泵输出流量。

3. 实践规范

（1）液压元件、电气元件选型正确。

（2）油路连接正确、可靠。

（3）液压泵起动前,认真检查油路。

4. 过程分析

对于调压回路:图 4-25a 是溢流阀单级调压回路。它一般用于定量泵节流调速的液压系统中,由节流阀调节进入执行元件的流量,定量泵多余的油液则从溢流阀流回油箱。节流阀半开时,溢流阀总是处于溢流状态。液压泵工作压力决定于溢流阀的调定压力,且基本保持不变。图 4-25b 是先导式溢流阀回路。先导式溢流阀的远程控制口与远程调压阀相连,即实现远程调压。调节远程调压阀,控制溢流阀,实现对液压泵出口压力的控制。特别注意:<u>只有在溢流阀的调整压力高于远程调压阀的调整压力时,远程调压阀才能起调压作用</u>。

对于卸荷回路:图 4-26a 所示回路利用中位机能实现液压泵卸荷,当换向阀处于中间位置时,液压泵油液直接与油箱相通,压力表读数应为零。图 4-26b 所示回路利用二位二通电磁阀实现液压泵卸荷,当二位二通电磁阀通电时,液压泵的出油口直接与油箱相通,实现液压泵卸荷。图 4-26c 中,当二位二通电磁阀通电时,溢流阀的远程控制口通油箱,溢流阀主阀完全打开,液压泵输出的油液经溢流阀回油箱,液压泵卸荷。

> **学习提示**
>
> 　　液压系统卸荷就是让液压泵输出功率为零。由于功率等于压力与流量的乘积,因此液压系统卸荷有两种方法(图 4-27):一是<u>让液压泵输出压力等于零,即压力卸荷</u>,二是<u>让液压泵输出流量等于零,即流量卸荷</u>,其中以压力卸荷最为常用。
>
>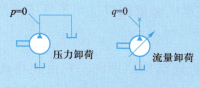
>
> **图 4-27　卸荷方法**

知识链接

溢流阀基本功能是溢流稳压和安全保护,它是液压系统调压控制回路的核心元件。常用的溢流阀按其结构形式和基本动作方式可分直动式和先导式两种。

1. 直动式溢流阀

图4-28a所示为直动式溢流阀结构原理图。当进油口P压力较低时,阀芯在弹簧预紧力作用下处于原位,将P口和T口断开,溢流阀关闭状态,无溢流;当进油口P压力升高,作用在阀芯的液压力达到弹簧预紧力时,阀芯移动,P、T口打开,油液由P口经T口溢流到油箱。类似于"溢流坝"的原理。当溢流阀开始溢流时,溢流阀的进油口压力基本保持一定,即溢流稳压。通过旋松或旋紧溢流阀的调节螺母或调节弹簧预紧力,实现对溢流阀的溢流(开启)压力调节。图4-28b、c所示为直动式溢流阀的图形符号和实物图。

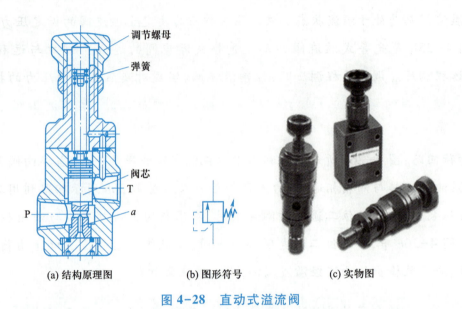

(a) 结构原理图　　　　(b) 图形符号　　　　(c) 实物图

图4-28　直动式溢流阀

直动式溢流阀依靠系统中的液压油直接作用在阀芯上的作用力与弹簧力相平衡,以控制溢流阀阀口启闭。由于溢流阀弹簧尺寸与开启压力相对应,提高溢流阀的溢流压力,弹簧力就要增加,弹簧刚度也要增加。然而,弹簧尺寸受阀的结构限制,且当弹簧刚度增加后,溢流压力的波动也将加大,所以直动式溢流阀只适用于低压系统。

2. 先导式溢流阀

图4-29a所示为先导式溢流阀结构原理图。它由先导阀和主阀两部分组成,以先导阀的打开和关闭来控制主阀芯的启闭动作。从原理上看,先导阀和主阀结构与直动式溢流阀类似。

在远程控制口K封闭的情况下,液压油由P口进入,通过阻尼孔后作用在先导阀阀芯上。当压力不高时,作用在先导阀阀芯上的液压力不足以克服先导阀弹簧的弹力,先导阀关闭,阻尼孔内油液不流动,主阀阀芯上下两端的液压油的压力相等。这时,主阀阀芯在主阀弹簧的作用下处于最下端,进回油口P、回油口T被主阀阀芯切断,溢流阀不溢流。

图中结构原理图标注:调节螺母、弹簧、阀芯、T、P、a

当进油口 P 压力升高,使得作用在先导阀阀芯上的液压力大于先导阀弹簧的弹力时,先导阀打开,阻尼孔内油液开始流动。当油液流动时,油液经过阻尼孔时会产生一定的压力损失,主阀阀芯的下部压力大于上部压力,即形成压力差。主阀阀芯在压力差作用下克服主阀弹簧的弹力向上运动,油液从 P 口向 T 口的流动,溢流阀开始溢流。基于相同的原理,溢流阀一旦溢流,其进油口 P 压力将保持一个基本稳定值。调节先导阀弹簧的预紧力,即可调节溢流阀溢流压力。与直动式溢流阀相比,先导式溢流阀的主阀弹簧刚度可以小些,稳压性能好,一般中高压、大流量溢流阀均采用先导式溢流阀。

此外,先导式溢流阀有一个与主阀阀芯上腔相通的远程控制口 K,当它与另一远程调压阀相连时,就可以通过远程调压阀调节溢流阀主阀上端的压力,实现溢流阀的远程调压;它与油箱直接连通时,溢流阀阀芯迅速移动,阀口大开,进油口压力降至零或接近于零,可用于实现液压泵卸荷。图 4-29b、c 所示为先导式溢流阀的图形符号和实物图。

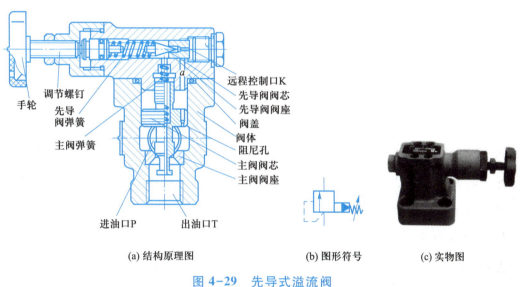

(a) 结构原理图　　(b) 图形符号　　(c) 实物图

图 4-29　先导式溢流阀

学以致用

(1) 在图 4-25b 所示的远程调压回路中,调节远程调压阀,压力表无压力显示或压力不变化,试分析原因。

〈回答提示〉从阀本身、回路连接等方面寻找原因。

(2) 在图 4-26 所示的三种卸荷回路中,液压泵正常工作,若液压泵不能卸荷,试寻找可能的原因。

〈回答提示〉从阀结构寻找原因。

(3) 当先导式溢流阀中阻尼孔出现堵塞或阻尼孔不起阻尼作用时,溢流阀调压功能将有何影响。

〈回答提示〉从调压原理寻找原因。

（4）识读图 4-30 中液压元件图形符号，根据远程调压原理，连接图中液压元件，以实现回路二级远程调压，即得到两个远程调压压力。

〈回答提示〉注意溢流阀位置。

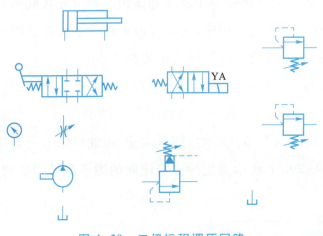

图 4-30   二级远程调压回路

学习提示

先导式溢流阀主要故障现象：① 无压力。主要原因有主阀故障（如主阀阀芯阻尼孔被堵、主阀阀芯在开启位置时卡死）；先导阀故障（如先导阀弹簧折断或未安装、锥阀未装或破碎）；进出油口装错等。② 压力波动不稳定。主要原因有主阀阀芯动作不灵活；主阀阀芯阻尼孔堵塞；主阀阀芯锥面与阀座锥面接触不良；先导阀弹簧弯曲；先导阀阀芯锥面与阀座锥面接触不良；先导阀调节螺钉由于锁紧螺母松动而使压力变动等。

知识拓展

1. 溢流阀的压力-流量特性

溢流阀的压力-流量特性又称溢流特性，它表示溢流阀在某一调定压力下工作时，其流量的变化与阀进口实际压力之间的关系。图 4-31 所示为溢流阀的压力-流量特性曲线。图中，横坐标为溢流量 q，纵坐标为进油口压力 p。溢流量为额定值 q_n 时所对应的压力 p_n 称为溢流阀的调定压力。溢流阀刚开启时（溢流量为额定溢流量的 1% 时），进油口的压力 p_0 称为开启压力。调定压力 p_n 与开启压力 p_0 的差值称

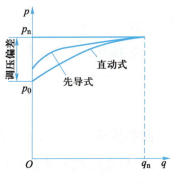

图 4-31   溢流阀压力-流量特性曲线

为调压偏差,即溢流量变化时溢流阀工作压力的变化范围。显然,调压偏差越小,其稳压性能越好。由图可见,先导式溢流阀的特性曲线比较平缓,调压偏差小,故其性能比直动式溢流阀好。因此,先导式溢流阀宜用于系统溢流稳压,直动式溢流阀宜用作安全阀。

2. 比例溢流阀简介

图 4-32a 所示为电液比例溢流阀,其下部与常规溢流阀主阀相似,上部则为比例先导压力阀。图中,比例电磁铁的衔铁上的电磁力通过顶杆直接作用于先导锥阀,从而使先导锥阀的开启压力与线圈中的电流成比例。改变线圈中的电流,可使衔铁上获得与其成比例的吸力。因此,用一个比例先导压力阀可以代替若干个先导压力阀和换向阀来实现多级压力控制或连续压力控制,也简化了液压系统。图 4-32b 所示为其图形符号。

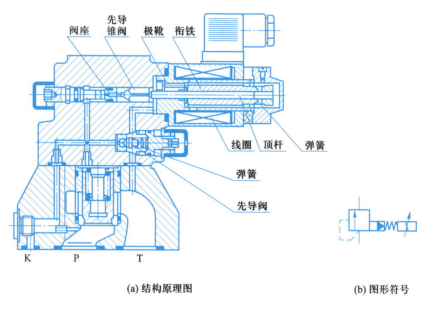

(a) 结构原理图　　　　　　　　(b) 图形符号

图 4-32　电液比例溢流阀

任务 4-3　减压阀认知及减压回路装调 >>>

生活导入

在输变电技术中,常用变压器改变电压的高低,以满足用户需求,如居民照明用电变压器、手机等电子设备的充电器。在液压传动系统中,夹紧、润滑、控制等油路所需要的压力往往低于系统提供的高压,这时将用到减压元件。液压系统常用的减压元件是减压阀。

任务实践

实践课题：工件夹紧减压回路装调

1. 任务描述

仍以前文所述的钻削加工为例，增设一套液压夹紧装置，如图4-33所示，采用液压缸驱动，取代传统台虎钳手工夹紧。

图4-34所示为钻削加工工件夹紧减压回路及控制电路，选择合适的液压元件和电气元件，运用Automation Studio软件仿真，在液压实训工作台完成夹紧回路装调，并回答下列问题。

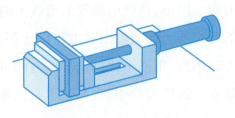

图4-33　液压夹紧装置

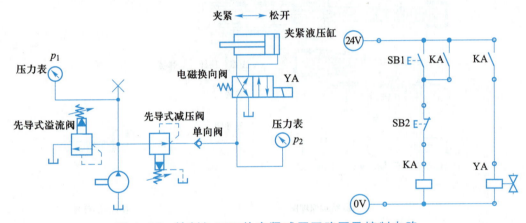

图4-34　钻削加工工件夹紧减压回路图及控制电路

> **学习提示**
>
> 减压阀技术参数与溢流阀类似，主要有通径、连接形式、额定流量、进口压力、减压范围等。选用减压阀一般优先采用先导式，其额定流量要大于工作流量，额定压力要大于工作压力。

（1）设定溢流阀溢流压力为3 MPa，设定减压阀减压压力为1 MPa，描述你设定的过程。

（2）填写液压缸动作过程与电磁铁关系（表4-7）。

表4-7　动作表

动作	电磁铁 YA
夹紧	
松开	

（3）依次对电磁换向阀电磁铁通电和断电，观察夹紧缸在夹紧（或松开）时和运行到端点时压力表的读数，即溢流阀进口压力和减压阀出口压力，填写表 4-8。

表 4-8　任　务　表

工况	夹紧（YA-）		松开（YA+）	
	夹紧运行时	夹紧运行端点后	松开运行时	松开后
压力表 p_1 读数/MPa				
压力表 p_2 读数/MPa				

（4）夹紧运行时，压力 p_1 _____（大于、小于、等于）p_2，原因是 _____ _____。

（5）夹紧运行到端点后，压力 p_1 _____（大于、小于、等于）p_2，原因是 _____ _____。

（6）夹紧运行时的压力 p_1 _____（大于、小于、等于）夹紧运行到端点后的压力 p_1，原因是 _____。

（7）失电夹紧（即电磁铁断电时夹紧）的优点是 _____。

（8）单向阀的作用是 _____。

（9）图 4-34 所示减压回路的核心元件是 _____。

（10）若夹紧缸活塞和活塞杆直径分别为 $D=40$ mm，$d=20$ mm，则夹紧缸产生的最大夹紧力是 _____ N。

（11）若减压阀泄漏口不通（堵塞），后果是 _____。

2. 实践规范

（1）液压元件与电气元件选型正确。

（2）油路连接、电路连接正确、可靠。

（3）通电前，认真检查油路与电路。

3. 过程分析

当二位四通电磁换向阀未通电时，液压泵输出的油液经减压阀、单向阀，到达夹紧缸无杆腔，夹紧缸左行。夹紧缸左行至完全夹紧工件时，停止运动。这时液压缸无杆腔油液压力升至减压阀调定压力，使夹紧力保持恒定。回路中的单向阀用以防止油液倒流，起短时保压作用。

▌知识链接

1. 减压阀

减压阀是利用液流流过缝隙产生压降的原理实现减压，并维持被控制压力基本稳定的控制阀。根据减压阀所控制的压力不同，它可分为定值减压阀、定差减压阀和定比减压阀,其中以定值减压阀应用最广。定值减压阀可控制出口压力基本稳定,同溢流阀一样,它也有直动式减压阀和先导式减压阀之分。

图 4-35a 所示为先导式减压阀的结构示意图。减压阀的先导阀与溢流阀的先导阀相似,区别是减压阀弹簧腔泄漏油单独引回油箱(即采用外泄形式)。减压阀主阀部分与溢流阀主阀的明显区别是减压阀在常态时进出油口完全相通。

当负载不高时,减压阀出口压力低于先导阀弹簧调定压力时,先导阀关闭,主阀阀芯上阻尼孔中油液不流动,主阀阀芯上、下端液压力相等,主阀阀芯在主阀弹簧作用下仍位于下端,阀口大开,不起减压作用;当负载增大,减压阀的出口压力超过先导阀弹簧调定压力时,先导阀打开,主阀阀芯上的阻尼孔有油液通过,并在主阀阀芯上下端形成压力差,主阀阀芯在压力差作用下克服主阀弹簧的弹力向上运动,主阀阀口减小,减压阀起减压作用。类似溢流阀稳压原理,减压阀出口压力可以维持稳定不变。图 4-35b、c 所示为先导式减压阀的图形符号和实物图。

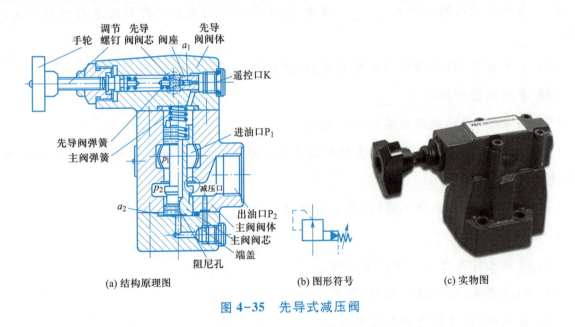

图 4-35　先导式减压阀

先导式减压阀在外形、结构、原理等方面与先导式溢流阀类似,但它们之间的区别也是明显的,见表 4-9。

表 4-9　先导式溢流阀与先导式减压阀的区别

阀	图形符号	稳压对象	常态时进出油口状态	弹簧腔油液泄油方式
先导式溢流阀		进油口	关闭	内泄(无单泄油口)
先导式减压阀		出油口	互通	外泄(有单泄油口)

2. 减压回路的应用

减压回路不仅可用于夹紧回路,也用于液压系统中润滑回路或控制回路等对压力要求不高的场合。图 4-36 所示为减压阀用于控制油路的一个实例。减压阀将主油路的部分油液减压后供给电液换向阀的控制油口,这样可避免主油路压力的变化对控制油路压力的影响。

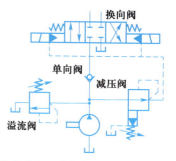

图 4-36　减压阀用于控制油路

▎学以致用

(1) 在实践课题中,若设定减压阀压力高于溢流阀设定压力,实践结果会如何?

〈回答提示〉基于减压阀与溢流阀稳压过程思考。

(2) 在实践课题中,若单向阀不起作用(如阀芯卡死),说明可能的结果。

〈回答提示〉设定回路不同供油状态。

(3) 对于外形相似的先导式溢流阀和先导式减压阀,如何用最简便的方法区分开来。

〈回答提示〉依据进出油口未工作状态。

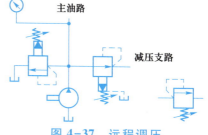

图 4-37　远程调压

(4) 控制先导式溢流阀远程控制口的压力可以实现远程调压(图 4-37),在先导式减压阀上也有类似的控制口,连接图中未连接元件以实现远程减压。

〈回答提示〉注意回路完整。

> **学习提示**　先导式减压阀主要故障现象:① 无二次压力。主要原因有主阀阀芯在全封闭位置卡死;无油源;泄漏口不通;先导阀弹簧弯曲卡死等。② 二次压力不稳定。主要原因有主阀阀芯与阀体几何精度差,工作时不灵敏;阻尼孔堵塞;锥阀与阀座锥面接触不良等。

▎知识拓展

增压缸与增压回路

与减压回路相对的是增压回路。在某些短时或局部需要更高压力的液压系统中,常用增压缸与低压大流量泵配合获得高于系统的压力。增压缸的工作原理如图 4-38a 所示,当输入低压力为 p_1 的液压油,输出高压力为 p_2 的液压油,增大压力关系式为:

$$p_2 = \frac{D^2}{d^2}p_1 \qquad\qquad (4-1)$$

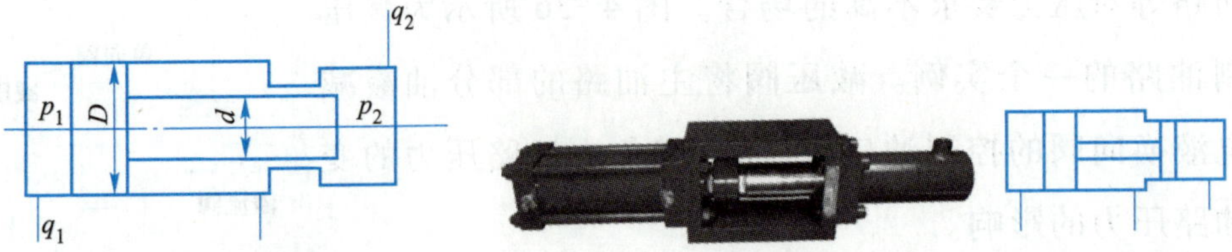

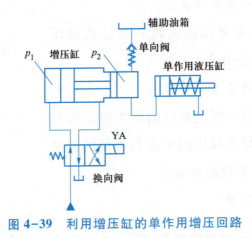

(a) 增压原理　　　　　　(b) 实物图　　　　　(c) 图形符号

图 4-38　增压缸

　　由式(4-1)可知,**压力增大倍数为增压缸大小直径平方比**。图 4-39 所示为利用增压缸的单作用增压回路。当系统在图示位置工作时,系统的供油压力 p_1 进入增压缸的大活塞腔,此时在小活塞腔即可得到所需的较高压力 p_2;当二位四通电磁换向阀右位接入系统时,增压缸返回,辅助油箱中的油液经单向阀补入小活塞。该回路只能间歇增压,所以称之为单作用增压回路。

图 4-39　利用增压缸的单作用增压回路

任务 4-4　流量控制阀认知及调速回路装调　>>>　■

生活导入

　　在很多场合都会用到流量一词,如车流量、人流量、电荷流量、水流量、信息流量。在日常生活中,对水流量的控制一般用水龙头实现,当水龙头全开时得到最大水流量,全闭时则无水流出。此外,我们还观察有这样一种现象,当水龙头开关手柄固定在某一个位置时,流量基本恒定,但当系统水压发生变化时流量也会变化,水压高时比低时流量要大一些。

　　在液压系统中,采用流量阀对管路中液压油流量进行控制,流量阀的控制原理与水龙头的原理非常相似。

▌任务实践

实践课题:钻削加工三种节流调速回路装调

1. 任务描述

　　仍以前文所述钻削加工为例,为了克服钻削产生的阻力,钻头只能以一个较低的速度前进,在工程中称为"工进",且钻头移动速度要能因钻孔直径、工件材质等因素进行调节。

　　图 4-40 所示为钻削加工节流调速回路。读懂回路图及控制电路,选择合适的液压元件和电气元件,运用 Automation Studio 软件仿真,在液压实训工作台上完成三种节流调速回路的装调,并回答下列问题。

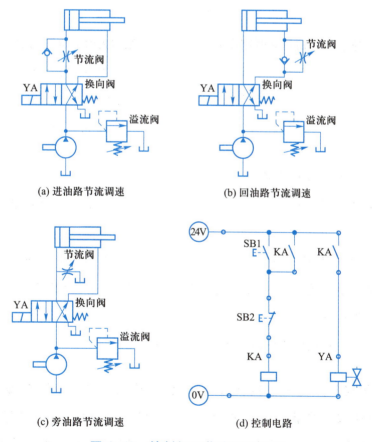

(a) 进油路节流调速　　(b) 回油路节流调速

(c) 旁油路节流调速　　(d) 控制电路

图 4-40　钻削加工节流调速回路

　　(1) 设定溢流阀溢流压力为 3 MPa,分无负载和有负载(推动负载压力不得大于溢流阀调定压力,方向向左)两种情况,调节节流阀开口大小,由大(完全打开)到小(完全关闭),观察液压缸往复运动速度变化情况,完成表 4-10。

表4-10 任 务 单

工况		液压缸前进时速度变化（右行）		
		节流口全开	节流口由大到小	节流口全闭
进油路节流调速	无负载			
	有负载			
回油路节流调速	无负载			
	有负载			
旁油路节流调速	无负载			
	有负载			

注：同一种回路各工况之间比较，填"最快""不动""变大""变小"。

（2）归纳三种节流调速回路的速度与负载，速度与节流阀开口大小的关系，完成表4-11。

表4-11 任 务 单

回路	节流阀开口增大时速度变化情况	负载增大时速度变化情况	溢流阀是否溢流
进油路节流调速	□变快,□变慢	□变快,□变慢	□是,□否
回油路节流调速	□变快,□变慢	□变快,□变慢	□是,□否
旁油路节流调速	□变快,□变慢	□变快,□变慢	□是,□否

（3）节流调速回路核心元件是＿＿＿＿＿＿＿＿。

（4）图4-40a中，能量损失有＿＿＿＿＿＿和＿＿＿＿＿＿，图4-40c中能量损失仅有＿＿＿＿＿＿。

（5）图4-40a中，调速状态下，若液压泵输出流量为20 L/min，通过节流阀流量为5 L/min，溢流阀调整压力为3 MPa，节流阀出口（液压缸进口）压力为2 MPa，则溢流损失为＿＿＿＿＿＿kW，节流损失为＿＿＿＿＿＿kW。

（6）图4-40a中，若节流阀手轮故障，其后果是＿＿＿＿＿＿＿＿＿＿＿。

> **学习提示**   流量控制阀主要技术参数有通径大小、连接形式、压力、流量调节范围等，对于调速阀还有最小稳定流量要求。同其他液压阀一样，选择流量控制阀主要应满足其额定压力大于工作压力，流量调节范围满足工作要求。

2. 实践规范

（1）液压元件与电气元件选型正确。

（2）油路连接、电路连接正确、可靠。

（3）通电前，认真检查油路与电路。

3. 过程分析

图 4-40a 所示为进油路节流调速。该回路节流阀安装在液压泵和液压缸之间，用节流阀来控制进入液压缸的流量，以达到调节液压缸运动速度的目的。节流阀开口越小，液压缸运动速度越慢。

图 4-40b 所示为回油路节流调速。该回路节流阀安装在液压缸和油箱之间，用节流阀来控制流出液压缸的流量，以达到调节液压缸运动速度的目的。节流阀开口越小，液压缸运动速度越慢。

图 4-40c 所示为旁油路节流调速。该回路节流阀安装在液压泵和油箱之间，节流阀直接调节了液压泵溢流回油箱的流量，从而实现调速作用。节流阀开口越大，液压缸运动速度越慢。

▌知识链接

1. 流量控制阀

（1）液体流经小孔——流量控制阀节流原理。在液压系统的管路中，我们把装有截面突然收缩的装置称为节流装置，突然收缩处的流动称为节流，如图 4-41 所示。当液体流经节流小孔时要产生压力损失，这会引起系统发热，液体黏度下降，泄漏增加，但也可以用来实现对流量和压力的控制。液体流经小孔的流量计算公式为

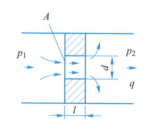

图 4-41 节流及节流装置

$$q = KA\Delta p^{m} \tag{4-2}$$

式中　q——通过孔口的流量，$\mathrm{m^3/s}$；

　　　m——由孔口形状决定的指数，当孔口为薄壁小孔（小孔长度 l 与直径 d 之比 $l/d \leqslant 0.5$）时，$m=0.5$，当孔口为细长孔（$l/d>4$）时，$m=1$；

　　　K——孔口的形状系数，其值可查有关手册；

　　　Δp——孔口前、后压力差，即 p_1-p_2，Pa；

　　　A——孔口截面面积，$\mathrm{m^2}$。

流量控制阀的节流原理是依靠改变节流口通流面积的大小或通流通道的长短来控制流量。液压技术中的节流元件、阻尼元件工作原理都是基于此。

（2）影响流量稳定性的因素。理想情况下，通过流量控制阀节流口的流量只与孔口截面面积 A 有关，与其他因素无关。然而，由式（4-2）可知，影响流量 q 的因素有很多，不仅有孔口截面面积 A，还包括孔口两端的压力差 Δp，孔口形状系数 m，孔口长度 l、直径 d，以及流经孔口油液的黏度等。归纳起来，影响流量稳定性的因素主要有：

1）压力差 Δp。压力差增大或减小会引起流量增大与减小。以此可以解释自来水在用水高峰时流量小的原因。

2）温度。温度是通过对黏度的影响,进而影响流量变化。当温度升高,黏度降低,流量增大。

3）节流口的形状。节流口的形状影响通流能力,进而影响流量变化。理想的节流口应采用薄壁孔,但因加工工艺性较差,常以短孔作为节流口形式。表 4-12 为几种常用的节流口形式比较。

表 4-12 几种常用的节流口形式比较

序号	形式	节流口结构示意图	性能及应用特点
1	针阀式	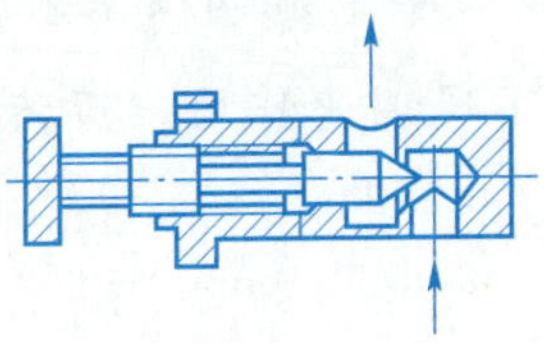	通道长,湿周长,易堵塞,流量受油温影响较大,一般用于对调速性能要求不高的场合
2	偏心槽式	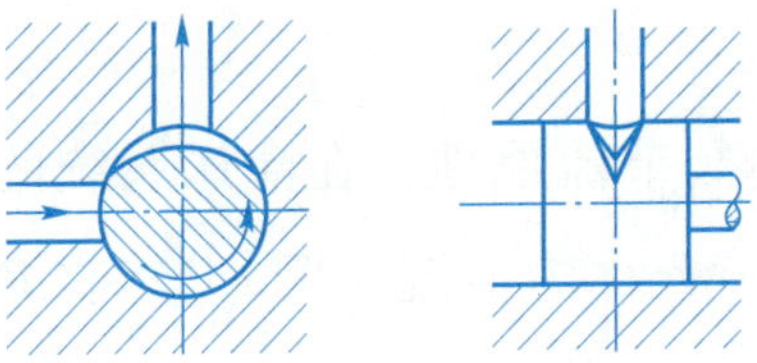	性能与针阀式节流口相同,但容易制造,其缺点是阀芯上的径向力不平衡,旋转阀芯时较费力,一般用于压力较低、流量较大和流量稳定性要求不高的场合
3	轴向三角槽式	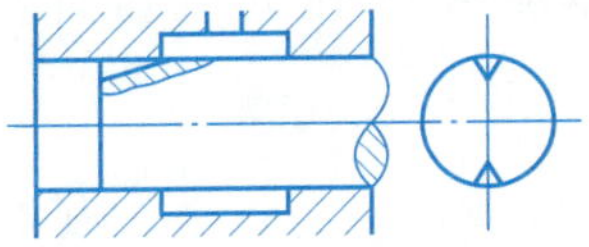	结构简单,水力直径中等,可得到较小的稳定流量,且调节范围较大,但节流通道有一定的长度,油温变化对流量有一定的影响,目前被广泛应用
4	周向缝隙式	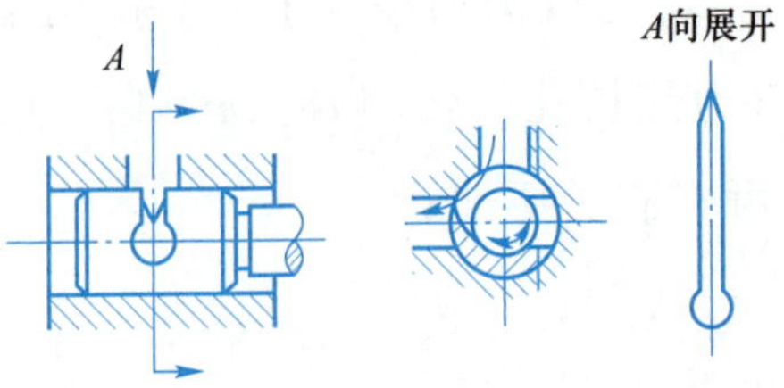	阀口做成薄刃形,通道短,水力直径大,不易堵塞,油温变化对流量影响小,因此其性能接近于薄壁小孔,适用于低压小流量场合
5	轴向缝隙式	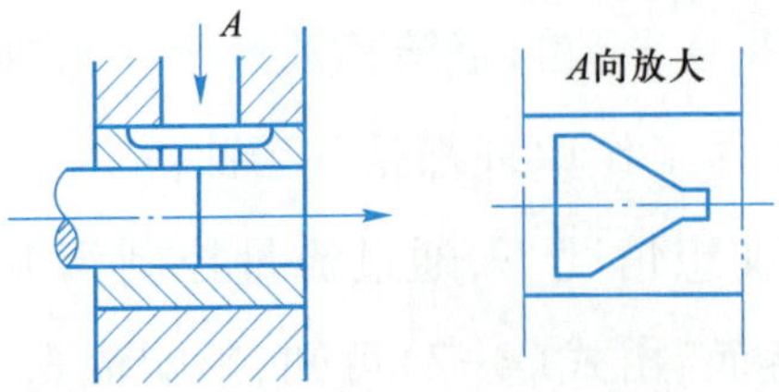	在阀孔的衬套上加工出图示薄壁阀口,阀芯做轴向移动即可改变开口大小,其性能与周向缝隙式节流口相似

注:湿周指孔口被油液湿润的长度,对圆形孔口是圆周长,对同心圆孔口是大小圆周长之和;水力直径是孔口面积与湿周的比值。

（3）节流阀。图 4-42a 所示为一种普通节流阀的结构。这种节流阀的节流通道采用轴向三角槽式。液压油分别从进油口 P_1 流入孔道 a 和阀芯左端的三角槽进入孔道 b，再从出油口 P_2 流出。调节手柄可通过推杆使阀芯做轴向移动，以改变节流口的通流截面积来调节流量。这种节流阀的进出油口可互换。图 4-42b、c 所示为普通节流阀的图形符号和实物图。

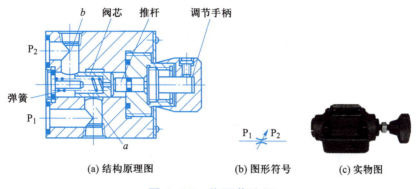

(a) 结构原理图   (b) 图形符号   (c) 实物图

图 4-42   普通节流阀

从普通节流阀节流原理上看，通过节流阀的流量并不稳定，受压力差 Δp 影响较大，也就是受负载因素影响较大。这种流量随负载变化而变化的特性称为流量阀的刚性。显然，普通节流阀刚性较差，一般用于工作负载变化不大和速度稳定性要求不高的场合。

在实际工作中，工作负载的变化很难避免，为了避免液压系统节流流量受影响，常以调速阀代替普通节流阀。

（4）调速阀。图 4-43a 所示为调速阀工作原理图。调速阀由节流阀和定差减压阀串联而成。液压泵的出口（即调速阀的进口）压力 p_1 由溢流阀调整，基本不变，而调速阀的出口压力 p_3 则由液压缸负载 F 决定。油液先经定差减压阀产生一次压力降 p_2，压力 p_2 先分别经通道 e、f 作用到定差减压阀的 d 腔和 c 腔，再经节流阀降为压力 p_3，即出口压力。出口压力 p_3 又经反馈通道 a 作用在定差减压阀的 b 腔。可见，定差减压阀的阀芯受到弹簧力 F_S 和 b、c、d 三个腔的液压力的作用，并处于某一平衡状态（忽略摩擦力和液动力等），则有

$$p_2 A_1 + p_2 A_2 = p_3 A + F_S$$

A、A_1 和 A_2 分别为 b 腔、c 腔和 d 腔内液压油作用于定差减压阀阀芯上的有效面积，且 $A = A_1 + A_2$。

故节流阀前后压力差 $\qquad \Delta p = p_2 - p_3 = \dfrac{F_S}{A}$ \qquad(4-3)

因为弹簧刚度较低，且工作过程中定差减压阀阀芯位移很小，可以认为弹簧力 F_S 基本保持不变，这是定差减压阀稳定压差的原理。

由于定差减压阀稳定的压差 $p_2 - p_3$ 就是节流阀进出口两端压力差 Δp，因此可以认为通过调速阀的流量不受负载影响，而保持稳定。图 4-43b、c、d、e 所示分别为调速阀图形符号、图形符号简易画法、流量特性曲线及实物图。从图 4-43c 可以看出，当调速阀中的节流阀压

差 $\Delta p(p_2-p_3)$ 达到定差减压阀调定压差值 F_S/A 时,通过其的流量才稳定,压差未到达调定压差值时,调速阀的流量特性与节流阀一致。

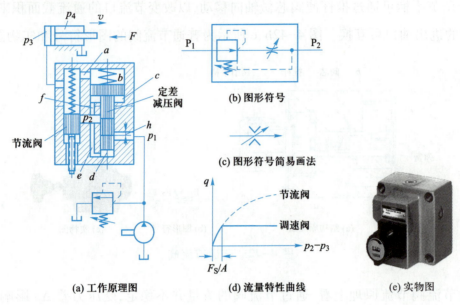

图 4-43 调速阀

2. 节流调速回路

液压传动系统节流调速回路依据流量阀的安装位置分为三种形式,即进油路节流调速回路、回油路节流调速回路和旁油路节流调速回路。三种采用节流阀的节流调速回路的结构、调速原理对比见表 4-13,三种采用节流阀的节流调速回路特性对比见表 4-14。

表 4-13 三种采用节流阀的节流调速回路的结构、调速原理对比

	进油路节流调速回路	回油路节流调速回路	旁油路节流调速回路
回路图			
节流阀安装位置	在进油路上,液压泵与液压缸之间	在回油路上,液压缸与油箱之间	在旁油路上,液压泵与油箱之间

续表

	进油路节流调速回路	回油路节流调速回路	旁油路节流调速回路
运动速度	$v=\dfrac{q_1}{A_1}$	$v=\dfrac{q_1}{A_1}=\dfrac{q_2}{A_2}$	$v=\dfrac{q_1}{A_1}=\dfrac{q_P-q_T}{A_1}$
	速度随流量增加	速度随流量增加	速度随流量减小

表 4-14　三种采用节流阀的节流调速回路特性对比

特性	调速方法		
	进油路节流调速回路	回油路节流调速回路	旁油路节流调速回路
速度负载特性（液压缸运动速度与承受负载关系特性）	速度负载特性较软	同进油路节流调速回路	比进油路、回油路节流调速回路更软
运动平稳性	平稳性较差	平稳性较好	平稳性较差
功率损耗	有溢流损失，功率消耗与负载、速度无关。低速轻载时效率低，发热大	同进油路节流调速回路	无溢流损失，功率消耗较进油路、回油路调速回路小，效率较高
承受负值负载的能力	不能承受负值负载	能承受负值负载	不能承受负值负载
发热及泄漏的影响	发热油进入液压缸，影响液压缸泄漏，从而影响活塞运动速度。但泵的泄漏对性能无影响	发热油回油箱冷却，对液压缸泄漏影响较小。泵的泄漏对性能无影响	液压泵的泄漏影响液压缸的运动速度
停车后的起动冲击	冲击小	有冲击	有冲击

在液压系统中，采用节流阀调速，不论采用进油路节流调速、回油路节流调速，还是旁油路节流调速，执行元件的运动速度都会随负载的变化而变化，不能保持执行元件运动速度的稳定，因此只适用于工作负载变化不大或速度稳定要求不高的场合。为了克服这个缺点，使执行元件能获得稳定的运动速度，而且不产生爬行，常以调速阀取代节流阀控制与调节执行元件运动速度。同样，以调速阀为核心元件的节流调速回路也有进油路、回油路和旁油路节流调速回路三种形式。采用调速阀节流回路，在性能上的改进是以加大整个流量控制阀的工作压差为代价的。调速阀的工作压差一般最小为 0.5 MPa，高压调速阀需 1 MPa。这种采用调速阀的节流调速回路适用于执行元件负载变化大，而运动速度稳定性要求又较高的场合。

> 学习提示
>
> 回油路节流调速运动平稳性好是因为节流阀除了节流调速功能外还具有背压功能。在液压传动系统中能够用作背压阀，除了节流阀外，还有单向阀（硬弹簧时）、溢流阀、顺序阀等。

学以致用

（1）在实践课题中,若存在改变节流口大小后,速度变化不明显,试分析可能产生的原因。

〈回答提示〉从外部因素和内部因素去考虑。

（2）若将实践课题图4-40a回路更换成图4-44方案,比较其特点。

〈回答提示〉从节流阀与调速阀特性去比较。

（3）若将实践课题图4-40a回路更换成图4-45方案,比较其特点,分析阀 a 的作用及其是否有替代阀。

〈回答提示〉结合回油路节流调速特点。

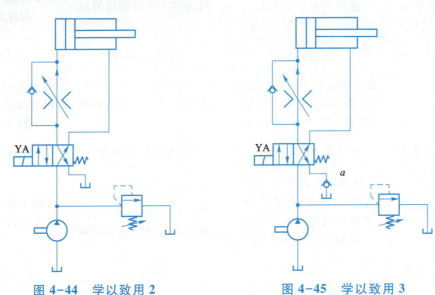

图4-44　学以致用2　　　　　图4-45　学以致用3

> **学习提示**
>
> 　　流量阀主要故障现象:① 不出油。主要原因有节流口堵塞;手轮故障;阀芯因配合间隙过小或变形而卡死等。② 执行机构运动速度不稳定。主要原因有节流口处积有污物,造成时堵时通;阀芯工作不灵活;内泄和外泄使流量不稳定;油液品质变化等。

知识拓展

其他调速回路介绍

液压调速回路除了节流调速回路外,还有容积调速回路和容积节流调速回路。

1. 容积调速回路

节流调速回路存在溢流损失和节流损失,效率低、发热大,只适用于小功率液压系统中。

在大功率的调速系统中,多采用回路效率较高的容积调速回路。

容积调速回路通过改变变量泵或变量马达的排量来调节执行元件的运行速度。在容积调速回路中,液压泵输出的液压油全部直接进入液压缸或液压马达,无溢流损失和节流损失,而且液压泵的工作压力随负载的变化而变化,因此这种调速回路效率高、发热小。

根据液压泵和液压马达(或液压缸)组合方式的不同,容积调速回路有三种形式:变量泵和定量马达(或液压缸)组成的容积调速回路、定量泵和变量马达组成的容积调速回路和变量泵和变量马达组成的容积调速回路,如图 4-46 所示。

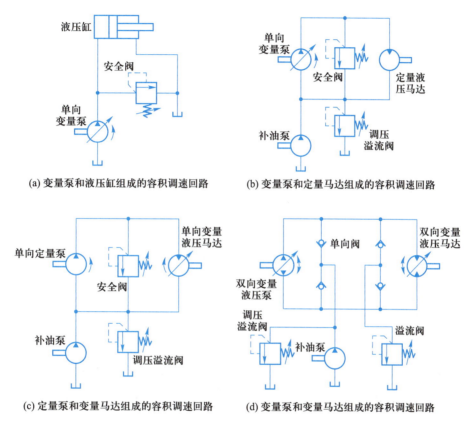

(a) 变量泵和液压缸组成的容积调速回路   (b) 变量泵和定量马达组成的容积调速回路

(c) 定量泵和变量马达组成的容积调速回路   (d) 变量泵和变量马达组成的容积调速回路

图 4-46 容积调速回路

在液压系统中油液的循环方式有开式和闭式两种。在开式循环回路中(图 4-46a),液压泵从油箱中吸入液压油,执行元件的回油直接返回油箱,油液能得到较好的冷却,但空气和杂质容易侵入回路而影响正常工作。在闭式循环回路中(图 4-46b、c、d),液压泵将液压油送到执行元件的进油腔,同时又从执行元件的回油腔吸入液压油,只需很小的补油箱,空气和杂质不易混入回路,但油液的散热条件差。

2. 容积节流调速回路

容积调速回路虽然具有效率高、发热小的优点,但随负载增加,其容积效率将有所下降,速度会发生变化,尤其是在低速时速度稳定性差。为了减少发热并满足速度稳定性要求,常采用容积节流调速回路。

容积节流调速回路是由变量泵供油,利用流量阀控制进入或流出液压缸的流量,调节液压缸的运动速度,并使变量泵的输出流量自动地与液压缸所需流量相适应。这种调速回路没有溢流损失,效率高,速度稳定性好,常用在调速范围大,中小功率的场合。图4-47所示为限压式变量泵和调速阀组成的容积节流调速回路。

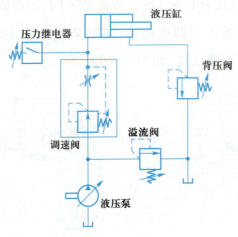

图4-47   限压式变量泵和调速阀组成的容积节流调速回路

任务4-5   差动连接认知及快慢速换接回路装调 >>>

生活导入

以自行车代替步行,以汽车代替自行车,其主要目的是减少路途时间,提高效率。在工业生产中,提高生产效率的一个重要环节是缩短辅助时间,或增加辅助动作运动速度。

根据速度与流量关系式:$v=q/A$(对液压缸)或$n=q/V$(对液压马达),提高速度v或n主要是提高输入液压缸(液压马达)的流量q或降低液压马达的排量V。

任务实践

实践课题:钻孔加工快动及电磁阀快慢速换接回路装调

1. 任务描述

仍以前文所述钻削加工为例,完成钻削加工过程,除了钻削工作进给外,还应包括快速前进(快进)和快速返回(快退)等辅助过程,提高辅助过程运行速度,就是提高效率。动作过程要求实现"快进—工进—快退"工作循环,如图4-48所示。

图 4-48　钻削工作循环

图 4-49 所示为钻削加工差动连接快动及电磁阀快慢速换接控制方案,图 4-50 所示为钻削加工双泵供油快动及行程阀快慢速换接控制方案,读懂两个方案的液压回路及控制电路,选择合适的液压元件和电气元件,运用 Automation Studio 软件仿真,在液压实训工作台完成这两种方案装调,并回答下列问题。

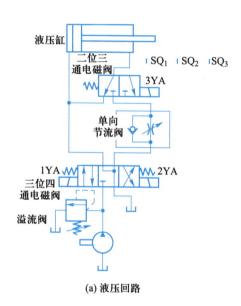

(a) 液压回路

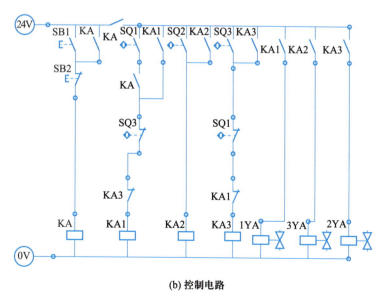

(b) 控制电路

图 4-49　钻削加工差动连接快动及电磁阀快慢速换接控制方案

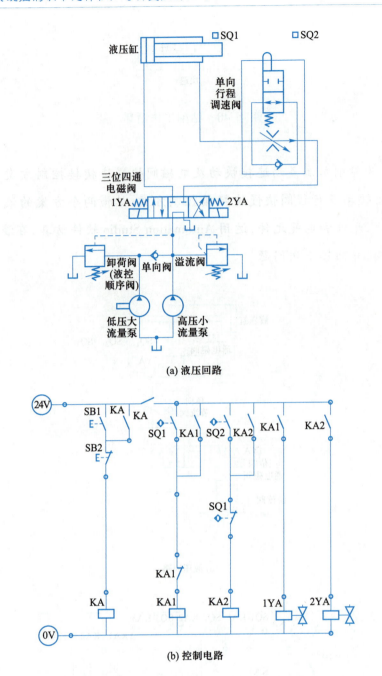

(a) 液压回路

(b) 控制电路

图 4-50   钻削加工双泵供油快动及行程阀快慢速换接控制方案

（1）分析差动方案动作循环，完成表4-15。

表4-15   动 作 表

	1YA	2YA	3YA
差动快进			
工进			
快退			
停止			

（2）分析双泵供油方案动作循环，完成表4-16，并说明大小流量泵液流流向。

表4-16   动   作   表

	1YA	2YA	行程阀	大流量泵液流流向	小流量泵液流流向
快进					
工进					
快退					
停止					

（3）比较两种快动方案，说明影响速度快慢的因素，完成表4-17。

表4-17   任   务   单

快动方案	差动快动	双泵供油快动
影响因素		

（4）比较两种快慢速换接方案，说明影响速度换接稳定性的因素，完成表4-18。

表4-18   任   务   单

快慢速换接方案	电磁阀	行程阀
影响因素		

（5）图4-49中，若液压缸 $D=2d$ 时，则差动快进速度=_____快退速度。

（6）图4-50中，卸荷阀压力最小调整值与_____有关，最大值与_____有关。

（7）图4-50中，若单向行程调速阀滚轮未能被压下，其后果是_____。

2. 实践规范

（1）液压元件与电气元件选型正确。

（2）油路连接、电路连接正确、可靠。

（3）通电前，认真检查油路与电路。

3. 过程分析

图4-49所示为差动快动及电磁阀换接回路。当1YA得电，2YA、3YA失电时，三位四通电磁阀处于左位，实现了差动连接，使活塞快速向右运动（简称快进）；当3YA得电时，有杆腔的油液经单向节流阀中的节流阀回油箱，实现了工作进给（简称工进）；当1YA失电，2YA、3YA得电时，液压缸快速退回（简称快退）。

图 4-50 所示为双泵供油快动及行程阀换接回路。当 1YA 得电,2YA 失电时,三位四通电磁阀处于左位,两液压泵同时向液压缸供油,实现快速运动,当液压缸上的挡块压下单向行程调速阀上滚轮,行程阀换向,液压缸回油经单向行程调速阀中的调速阀,实现换速,此时系统压力升高,同时液压泵经卸荷阀卸荷,高压小流量泵单独供油。

▌知识链接

1. 差动连接与差动快动

把单杆活塞缸的左右两腔(或有杆腔与无杆腔)连通,这种连接方式称为差动连接。作差动连接的单杆活塞缸称为差动缸。差动连接时,单杆液压缸左右两腔的油液压力相同,但是由于左腔(无杆腔)的有效面积大于右腔(有杆腔)的有效面积,故活塞在力差作用下向右运动,此所谓"差动"。液压缸作差动运动时,右腔(有杆腔)中排出的油液(流量为 q')也进入左腔(无杆腔),加大了流入左腔的流量($q+q'$),从而也加快了活塞移动的速度,即有"差动快动",如图 4-51a 所示。

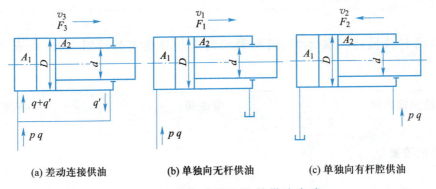

(a) 差动连接供油   (b) 单独向无杆供油   (c) 单独向有杆腔供油

图 4-51 单杆液压缸及其供油方式

差动连接时活塞推力 F_3 和运动速度 v_3 分别为

$$F_3 = p(A_1 - A_2) = \frac{\pi d^2}{4}p \tag{4-4}$$

$$v_3 = \frac{4q}{\pi d^2} \tag{4-5}$$

当单独向无杆腔和有杆腔供油时,如图 4-51b、c 所示,液压缸所获得速度分别为

$$v_1 = \frac{q}{A_1} = \frac{4q}{\pi D^2} \tag{4-6}$$

$$v_2 = \frac{q}{A_2} = \frac{4q}{\pi(D^2 - d^2)} \tag{4-7}$$

比较 v_1、v_2 和 v_3,以及 F_1、F_2 和 F_3,当差动连接时,液压缸的推力比非差动连接时小,但速度比非差动连接时大,利用这一点,可使在不增加液压源流量的情况下得到较快的运动速

度。这种连接方式被广泛应用于组合机床的液压动力系统和其他机械设备的快速运动机构中。如果要求液压缸往返快速相等,则由式(4-5)和式(4-7)得

$$\frac{4q}{\pi(D^2-d^2)}=\frac{4q}{\pi d^2}$$

即

$$D=\sqrt{2}\,d,A_1=2A_2$$

若要求 $v_3=v_2$,则 $D=\sqrt{2}\,d$;若要求 $v_3=2v_2$,则 $D=\sqrt{3}\,d$;若要求 $v_3=4v_2$,则 $D=\sqrt{4}\,d$。活塞杆直径越小,则差动速度越快。

2. 行程控制换向阀

行程控制换向阀也称为行程阀、机动阀,属于方向控制阀。行程阀阀芯移动是利用安装在工作台上的挡铁或凸轮来驱动的。因此,行程阀安装位置需靠近工作台,这也限制了它的应用范围。

图 4-52a 所示为滚轮式机动换向阀(行程阀)结构图。在图示位置时,阀芯被弹簧推向上端,P 口与 A 口接通,B 口关闭;当挡块或凸轮压住滚轮,阀芯移动到下端,P 口与 B 口接通,A 口关闭。图 4-52b 所示为滚轮式机动换向阀的图形符号和实物图。行程阀阀芯头部形式除了滚轮式外,还有顶杆式和可通过滚轮杠杆式等。

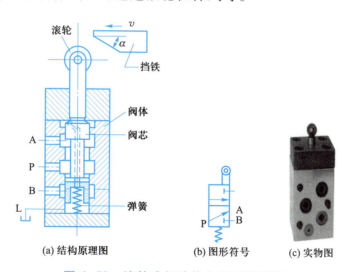

(a) 结构原理图   (b) 图形符号   (c) 实物图

图 4-52 滚轮式机动换向阀(行程阀)

依据行程阀阀芯动作过程可知,行程阀阀芯移动速度,即换向阀的换向速度,与挡块的移动速度和挡块的斜角 α 有关。通过改变挡块的移动速度或挡块的斜角 α 可以控制行程阀换向速度,与电磁阀相比,行程阀换向更加平稳,常用于机床液压系统的速度换接回路中。

将二位二通行程阀与调速阀和单向阀组合成一个阀,即单向行程调速阀,如图 4-53a 所示。为了表达组合阀是一个阀,标准规定应将各组成阀绘制在细实线方框内,如图 4-53b 所示。

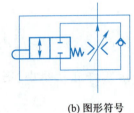

(a) 实物　　　　　　　　(b) 图形符号

图 4-53　单向行程调速阀

3. 行程开关

行程开关也称为限位开关,它包括无机械触点的接近开关和有机械触点的行程开关。

图 4-54a 所示为常见的机械接触式行程开关外形结构,有直动式、滚轮式、可通过滚轮式、微动式等。图 4-54b 所示为行程开关的结构原理图,在机械外力的作用下,操纵杆克服复位弹簧力,使动触点与静触点接触或分离,以控制相关电路的接通或断开,图 4-54c 所示为行程开关触点符号。

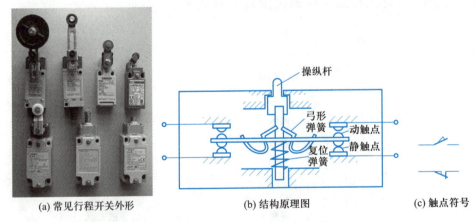

(a) 常见行程开关外形　　　　　　　(b) 结构原理图　　　　　　(c) 触点符号

图 4-54　机械接触式行程开关

4. 双联叶片泵

图 4-55a 所示为双联叶片泵结构原理图,它相当于由一大一小两个双作用叶片泵(大泵与小泵)组合而成,两个尺寸不同的定子、转子和配流盘等安装在一个泵体内,共用一根传动轴驱动,设有一个公共的吸油口和两个独立的出油口。图 4-55b、c 所示为双联叶片泵实物图和图形符号。

双联叶片泵的输出流量可以大小泵分开使用,也可以合并使用,一般用于有快慢速要求的场合。

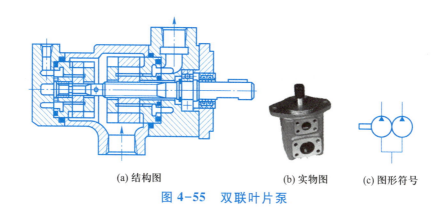

(a) 结构图　　　　　(b) 实物图　　　(c) 图形符号

图 4-55　双联叶片泵

5. 快慢速换接回路

设备工作部件在实现自动循环过程中,需要进行速度的转换,如钻削加工钻头由快速前进(快进)向钻削加工(工进)转换。快慢速换接一般要求换接平稳、可靠、不出现前冲现象。常见的快慢速换接回路如下。

(1) 电磁阀控制的快慢速换接回路(图 4-49a)。这种速度换接回路,速度换接快,行程调节比较灵活,电磁阀可安装在液压站的阀板上,也便于实现自动控制,应用很广泛。其缺点是平稳性较差。

(2) 行程阀控制的快慢速换接回路(图 4-50a)。这种回路中,行程阀的阀口是逐渐关闭或开启的,速度的换接比较平稳,比采用电气元件更加可靠。其缺点是行程阀必须安装在运动部件附近,有时管路接得很长,压力损失较大。因此多用于大批量生产的专用液压系统中。

▌学以致用

(1) 图 4-49 所示的差动快动回路中,起动后,无快进动作,试分析可能的原因。

〈回答提示〉从油路、电路及元件能否正常工作考虑。

(2) 图 4-50 所示的双泵供油快动回路中,无快进效果,试分析可能的原因。

〈回答提示〉从供油分析。

(3) 为了提高液压缸快速运行速度,将双泵供油与差动连接合并使用,选择合适液压元件,组装一个回路,同样完成"快进-工进-快退"动作循环。

〈回答提示〉改变实践课题中差动方案的供油方式,以双泵供油替换单泵供油。

▌知识拓展

蓄能器及蓄能器短时快动回路

1. 蓄能器

蓄能器用于储存油液多余的压力能,并在需要时释放出来。在液压系统中,蓄能器主要功能有向系统短时大量供油、系统保压、作为应急能源、减小液压冲击或压力脉动等,常用于压铸机等设备液压系统中。

蓄能器有弹簧式、重锤式和气体隔离式三类。常用的是气体隔离式,它利用气体的压缩和膨胀,储存和释放压力能。在气体隔离式蓄能器中,气体和油液被隔开,根据隔离的方式不同,又分为活塞式、气囊式和气瓶式三种。

图 4-56a 所示为气囊式蓄能器原理图。

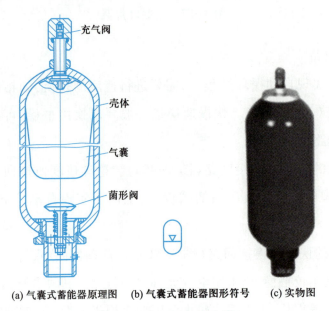

(a) 气囊式蓄能器原理图   (b) 气囊式蓄能器图形符号   (c) 实物图

图 4-56   气囊式蓄能器

蓄能器属于压力容器,在安装和使用时应注意以下事项:

(1) 充气式蓄能器中应使用惰性气体(一般为氮气)。

(2) 不同的蓄能器各有其适用的工作范围,如气囊式蓄能器不能承受很大的压力波动,且只能在 -20~70℃ 的温度范围内工作。

(3) 气囊式蓄能器原则上应竖直安装(油口向下),只有在空间位置受限制时才允许倾斜或水平安装。

(4) 装在管路上的蓄能器须用支板或支架固定。

(5) 蓄能器与管路系统之间应安装截止阀,以便在系统长期停止工作以及充气、检修时,将蓄能器与主油路切断。蓄能器与液压泵之间应安装单向阀,防止液压泵停车时蓄能器内储存的液压油倒流。

2. 蓄能器短时快动回路

图 4-57 所示为采用蓄能器与液压泵协同工作实现快速运动的回路,常用于在短时间内需要大流量的液压系统中。当换向阀在中位时,进入液压缸油路关闭,液压泵输出的油液经单向阀向蓄能器充油,直到蓄能器内压力达到液控顺序阀调定压力,充油完成,液控顺序阀

打开,液压泵卸荷。当换向阀左位或右位接入时,**液压缸动作,液压泵和蓄能器同时向液压缸供油,使其实现快速运动**。

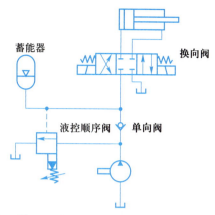

图 4-57　采用蓄能器与液压泵协同工作实现快速运动的回路

任务 4-6　顺序阀认知及顺序动作回路装调 >>>

生活导入

　　动作顺序要求常见于日常生活,如开门过程,钥匙需要先后完成插入和旋转两个动作,且依靠手来感知每个动作是否完成,以决定是否执行下一个动作。再如 4 名运动员进行 4×100 m 接力赛,当前一名运动员跑完 100 m,并把接力棒传递给下一名运动员时,下一名运动员才能起动。在这个过程中,接力棒就是运动员的起动信号。

任务实践

实践课题:钻孔加工顺序动作回路装调

1. 任务描述

　　生产中对动作顺序的要求也普遍存在,如先定位后夹紧、先装夹后加工、先加工后检测、先装配后调试。以前文所述钻削加工为例,设有进给缸和夹紧缸,要求按照"夹紧—进给—返回—松开"动作顺序(图 4-58),动作转换发信元件分别采用顺序阀、压力继电器和行程开关。

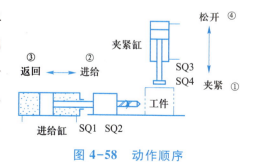

图 4-58　动作顺序

图4-59所示为钻削加工顺序阀顺序动作方案,图4-60所示为钻削加工压力继电器顺序动作方案,图4-61所示为钻削加工行程开关顺序动作方案。读懂液压回路图及电气控制原理图,选择合适的液压元件和电气元件,运用 Automation Studio 软件仿真,并在液压实训工作台完成以上三种顺序动作控制方案的装调,并回答下列问题。

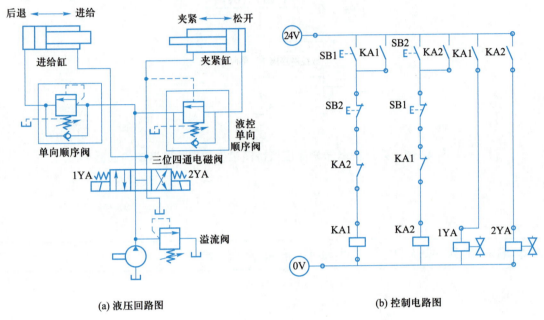

(a) 液压回路图　　　　　(b) 控制电路图

图4-59　钻削加工顺序阀顺序动作方案

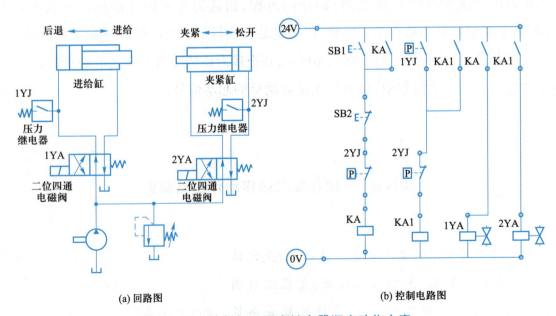

(a) 回路图　　　　　(b) 控制电路图

图4-60　钻削加工压力继电器顺序动作方案

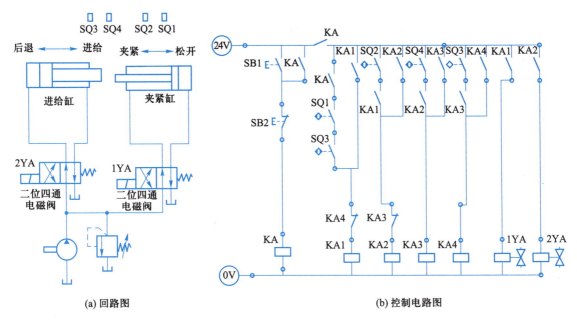

图 4-61 钻削加工行程开关顺序动作方案

（1）分析顺序阀顺序动作方案，回答下列问题。

1）完成表 4-19。

表 4-19 动 作 表

动作	1YA	2YA	单向顺序阀	液控单向顺序阀
夹紧				
进给				
后退				
松开				
原位				

2）理论上松开与后退动作同时进行，但实际情况是＿＿＿＿＿＿，原因是＿＿＿＿＿＿＿。

3）三位四通电磁阀采用 H 型中位机能，目的是＿＿＿＿＿＿＿＿＿＿＿＿＿。

4）单向顺序阀开启压力与＿＿＿＿＿＿＿＿＿有关。

5）若单向顺序阀进出油口接反，其后果是＿＿＿＿＿＿。

6）若液控单向顺序阀改用单向顺序阀，其后果是＿＿＿＿＿＿＿。

（2）分析压力继电器顺序动作方案，回答下列问题。

1）完成表 4-20。

表 4-20 动 作 表

动作	1YA	2YA	1YJ	2YJ
夹紧				
进给				
后退				
松开				
原位				

2）将 1YJ 安装在进给回路上，执行得压发信，若将它安装在回油路上，则执行_____发信。

3）1YJ 动作压力与_____有关。

4）溢流阀开启压力应_____（大于、等于、小于）1YJ 或 2YJ 动作压力。

5）1YJ 动作后不能复位（阀芯卡死），其后果是_____。

（3）分析行程开关顺序动作方案，回答下列问题。

1）完成表 4-21。

表 4-21 动 作 表

动作	1YA	2YA	发信元件
夹紧			
进给			
后退			
松开			
原位			

2）若将 SQ1 和 SQ2 交换安装位置，并且动作顺序不能改变，最简单的做法是_____
_____。

3）若将二位四通电磁阀由单电控改成双电控，控制电路调整思路是_____。

4）若 SQ2 未能压下（或触点接触不良），其后果是_____。

（4）对比分析以上三种顺序动作方案特点，完成表 4-22。

表 4-22 顺序动作方案比较

方案	动作信号性质（行程、压力）	液压回路复杂程度	控制电路复杂程度	动作顺序变更难度
顺序阀方案				
压力继电器方案				
行程开关方案				

知识链接

1. 顺序阀

顺序阀的主要作用是使两个以上执行元件按压力高低实现顺序动作。**按结构,顺序阀分为直动式和先导式,按压力控制方式,顺序阀分为外控式和内控式。**

> **学习提示**
>
> 尽管顺序阀与溢流阀在结构与工作原理上非常相似,学习顺序阀应建立在溢流阀学习的基础上,但从应用特点上看,顺序阀可以理解为压力控制的油路通断开关,与电路中的手动控制、光控制、声控制等开关功能更相近。

图 4-62a 和图 4-63a 所示分别为直动式和先导式内控顺序阀的结构原理图,其工作原理分别与直动式和先导式溢流阀相似,也是利用由进口液压油的压力和调节弹簧的作用力相平衡的原理来控制顺序阀进出口的通与断。当顺序阀进油口压力低于调节弹簧的预调压力时,进出油口关闭;当顺序阀进油口压力高于调节弹簧的预调压力时,进出油口接通。与溢流阀相比,这种顺序阀的主要特点,在于其输出油液不直接连接油箱,弹簧侧的泄油口必须单独接回油箱,因此这种顺序阀也称为外泄式顺序阀。直动式和先导式内控顺序阀的图形符号分别如图 4-62b 和图 4-63b 所示,图 4-62c 和图 4-63c 分别为其实物图。

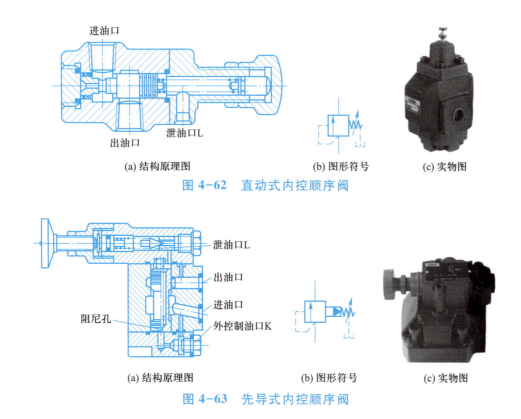

| (a) 结构原理图 | (b) 图形符号 | (c) 实物图 |

图 4-62 直动式内控顺序阀

| (a) 结构原理图 | (b) 图形符号 | (c) 实物图 |

图 4-63 先导式内控顺序阀

顺序阀与单向阀并联组合称为单向顺序阀,如图4-64所示,当液压油从进油口进入时,单向阀关闭,进油口压力超过顺序阀调节弹簧调定值时,阀芯移动,油液从出油口流出;当液压油从出油口进入时,油液经单向阀从出油口流出。单向顺序阀图形符号如图4-64b所示。

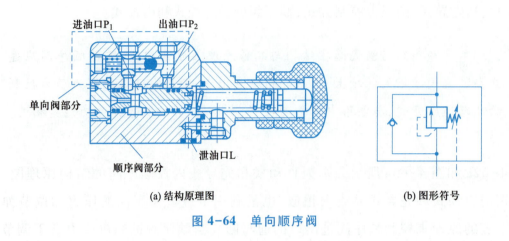

(a) 结构原理图   (b) 图形符号

图4-64   单向顺序阀

若启用图4-63a所示的外控制油口K(打开螺塞,并关闭进油通道),上述内控顺序阀就改造成外控顺序阀,显然,外控顺序阀进出油口的通断与外控制油口压力有关,与进油口压力大小无关,图形符号如图4-65a、b所示。若将外控顺序阀改成内控,工作时出油口接油箱,此时的液控顺序阀常作为卸荷阀用,图形符号如图4-65c所示。

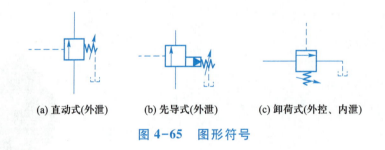

(a) 直动式(外泄)   (b) 先导式(外泄)   (c) 卸荷式(外控、内泄)

图4-65   图形符号

2. 压力继电器

压力继电器是一种将系统中油液的压力信号转换成电信号的转换元件。图4-66a所示是压力继电器结构原理图。它由压力-位移转换部件和微动开关两部分组成。当控制油口K的压力达到弹簧调定值时,液压油通过薄膜使柱塞上升,柱塞通过顶杆压向微动开关触头,接通或断开电气线路,此时控制口压力称为压力继电器动作压力。当液压力小于弹簧力时,微动开关复位,此时控制口压力称为压力继电器复位压力。由于压力继电器动作和复位时,柱塞所受的摩擦力的方向正好相反,因此动作压力与复位压力并不相等,存在一个差值,此差值对压力继电器的正常工作是必要的,但不宜过大。图4-66b、c所示为压力继电器的图形符号和实物图。

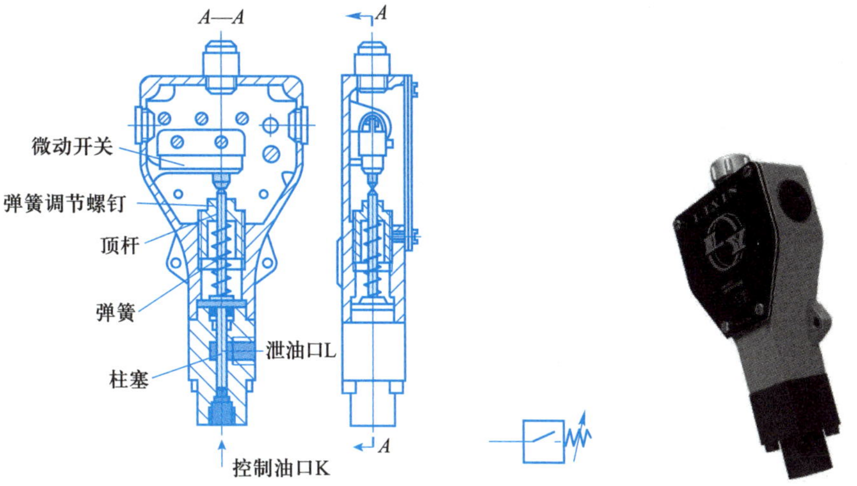

(a)结构原理　　　　(b)图形符号　　　　(c)实物图

图 4-66　压力继电器

> **学习提示**
> 　　控制电路通断的开关有:手动开关、光控开关、声控开关、温控开关,以及压力开关(压力继电器)等。控制液压油路通断的开关有:顺序阀、二位二(三)通换向阀、节流阀等。

3. 顺序动作回路常见的控制方式

顺序动作回路按其控制方式不同,分为压力控制、行程控制和时间控制三类。

压力控制利用油路本身的压力变化来控制执行元件的先后动作顺序。常用的压力控制发信元件有压力继电器和顺序阀。

行程控制是利用工作部件到达一定位置时,发出信号来控制执行元件的先后动作顺序。常用的行程控制发信元件有行程开关和行程阀。

时间控制是利用计时元件控制执行元件的先后动作顺序。常用计时元件有时间继电器和延时阀(气动)。

学以致用

(1)在顺序阀顺序动作回路中,若夹紧后不执行进给动作,可能的原因是什么。

〈回答提示〉从电路、液压回路,以及元件考虑。

(2)在压力继电器顺序动作回路中,若夹紧后不执行进给动作,可能的原因是什么。

〈回答提示〉从电路、液压回路,以及元件考虑。

(3)在行程开关顺序动作回路中,若夹紧后不执行进给动作,可能的原因是什么。

〈回答提示〉从电路、液压回路,以及元件考虑。

　顺序阀主要故障现象:① 始终出油,因而不起顺序阀作用。主要原因有阀芯在打开位置卡死;调压弹簧断裂、漏装等。② 始终不出油,因而不起顺序阀作用。主要原因有阀芯在关闭或打开位置卡死;锥阀芯在关闭位置卡死;控制油液流动不畅通;泄漏口管道中背压太高,使滑阀不能移动。③ 振动与噪声。主要原因有回油阻力高;油温过高等。

▌知识拓展

多缸动作回路简介

1. 同步动作回路

使两个或两个以上的液压缸,在运动中保持相同位移或相同速度的回路称为同步回路。如液压折弯机上的同步液压缸(图4-67)。实现液压缸同步,主要措施如下。

(1)用机械刚性连接的同步回路。将两个(或若干)液压缸(或液压马达)通过机械装置(如杠杆、齿轮齿条)将其活塞杆(或输出轴)连接在一起,使它们的运动相互牵制,即可实现同步运动,如图4-68所示。这种同步方式常用于液压折弯机中。

图4-67　液压折弯机及其上的同步液压缸

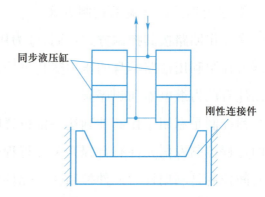

图4-68　机械刚性连接的同步回路

(2)用调速阀控制的同步回路。如图4-69所示,在两个并联液压缸的进油路(或回油路)上分别串联一个调速阀,仔细调整两个调速阀的开口大小,可使两个液压缸在一个方向上实现速度同步。

此外,还可以利用分流阀控制液压缸同步。其同步原理是,液压油经分流阀后输出相同流量两路液压油,当它们分别流入相同规格液压缸时,两液压缸可以获得相同的运动速度。图4-70所示为分流阀。

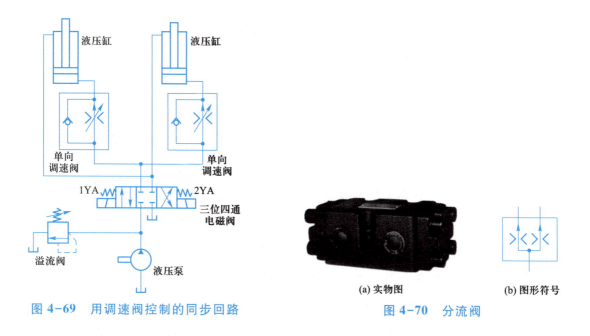

图 4-69　用调速阀控制的同步回路

(a) 实物图　　(b) 图形符号

图 4-70　分流阀

2. 互不干扰回路

在一泵多缸的液压系统中,往往由于其中一个液压缸快速运动时,大量的油液进入该液压缸,造成系统的压力下降,影响其他液压缸工作进给的稳定性。因此,在工作进给要求比较稳定的多缸液压系统中,必须采用快慢速互不干涉回路,如图 4-71 所示。在该回路中,各液压缸分别要完成快进、工进和快退的自动循环。回路采用双泵的供油系统,液压泵 1 为高压小流量泵,供给各缸工作进给所需的液压油,液压泵 2 为低压大流量泵,为各缸快进或快

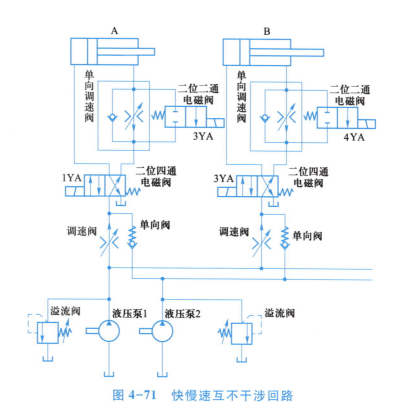

图 4-71　快慢速互不干涉回路

退时输送低压油,它们的压力分别由各自相连的溢流阀调定。这样两缸可各自完成"快进—工进—快退"的自动工作循环,互不干扰。

项目学习总结

(1)液压传动的关键是对执行元件的方向、压力和速度三个要素的控制,其控制方法除了需要对应的液压控制阀外,还需要与电气技术(包括 PLC、传感技术等)结合起来。

(2)对执行元件某一个要素控制仅是液压系统的一个部分,学习时要能够聚零为整。

(3)虚拟技术伴随计算机技术快速发展起来,并在很多领域内广泛使用。同样,运用气动与液压技术虚拟仿真软件可以解决在学习过程遇到的一些问题。

(4)图形符号是具体气动与液压元件的抽象表示,是该领域的交流语言。把图形符号与元件结合起来学习,符合从具体到一般,从抽象到具象的规律。

(5)液压传动能量损失主要包括节流损失、溢流损失、泄漏损失、摩擦损失等,提高传动效率的关键是找准能量损失点,各个击破。

(6)诊断排除故障并不难,这取决于你的"临床"经验,也在于你的工作态度。

学习情境五

认识气动系统气源装置与执行元件
——气动系统中的压缩空气从哪里来,又到哪里去

学习情境描述

同液压传动一样,气压传动有一个能量提供装置,即气源装置,也有一套气动执行装置,其中气源装置的作用是将机械能转化为气压能,气动执行装置则是将气压能转化为代替人类劳动的机械能。

由于气压传动工作介质直接来源于大气,受污染的大气不能直接进入气动元件,因此,气源装置除了气源发生设备外,还需要配置一套较为复杂的净化设备。

此外,由于空气黏度小,更适合于远距离传送,集中供气方式也是多数气压传动设备用户的首选。

学习思维导图

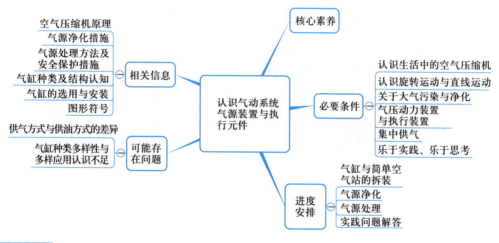

核心素养要求

(1)从生活中的打气筒和已学的泵认识空气压缩机的工作过程,以此熟知各种类型的容积式空气压缩机的特点。

(2)在对简单空气站、气缸拆装的过程中,初步认知其结构组成、类型,了解其选用、安装、调试要点等,能正确选择空气压缩机、气缸(气动马达)。

(3)在空气站拆装的基础上,初步认识气动系统供气特点,熟悉气压系统的净化方案和净化设施,并能正确判断实际工程中的施工禁忌。

(4)在压力、流量以及空气可压缩性认知的基础上,熟悉空气压缩机与气缸主要参

数,了解参数选择方法,正确调节系统压力。

（5）在熟悉空气压缩机的基础上,运用空气压缩机与气动马达可逆性原理,对比认知气动马达。

（6）初步建立系统的概念,学会用系统的方法分析问题。

（7）从压缩空气净化的学习中强化环境保护意识、节能意识。

任务 5-1   气源净化认知与压缩空气压力调节 >>>

生活导入

空气是人类赖以生存的要素之一。人们通过呼吸系统吸入空气,并把身体中产生的二氧化碳等呼出到大气中,以维持生命。人们在吸入空气的过程中,还要通过鼻喉等器官对空气进行净化、湿润等处理。

同样,空气也是气动系统不可或缺的介质,气动系统以压缩空气为工作介质推动气动执行元件完成规定动作。然而,空气中存在的水分、油分和灰分等杂质(图 5-1)并不是气动系统所需要的,它们的存在将影响系统正常工作,具体影响如下。

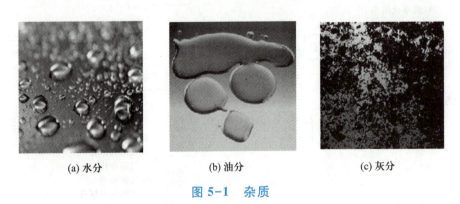

（a）水分   （b）油分   （c）灰分

图 5-1   杂质

（1）水分影响。水分会锈蚀金属元件;凝结成冰而损坏管道及附件;形成水击现象,破坏管路等。

（2）油分影响。空气中的油分会聚集成爆炸混合物;氧化形成有机酸,腐蚀设备;加速密封件老化等。

（3）灰分影响。灰分会增大摩擦,加速气动元件磨损;与油气混合,阻塞管路等。

因此,空气在进入气动系统之前,必须进行净化处理。

此外,对气动系统来说,经过净化处理后的干净空气还不能直接用于气阀和气缸,需要对压缩空气进行压力调节,对有些气动元件还需要对干净空气进行润滑性处理。

▌任务实践

实践课题:简单气源系统(空气站)的拆装与压缩空气压力调节

1. 任务描述

根据学校实际情况选择一个简单气源系统,图 5-2a 所示为结构原理图,图 5-2b 所示为图形符号。熟悉气源装置各个组成元件的名称、元件装配顺序以及元件连接方式,逐个拆卸、标记、清洗、组装元件,连接控制电路,最后起动空气压缩机,并回答下列问题。

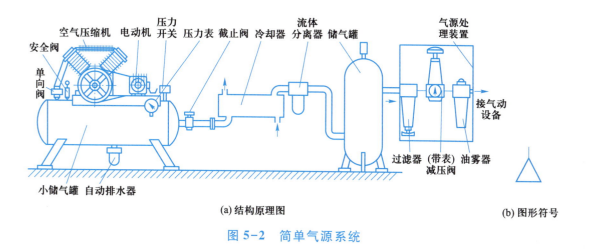

(a)结构原理图　　　　　　　　　　　　　　　　(b)图形符号

图 5-2　简单气源系统

(1)填写表 5-1。

表 5-1　任　务　单

元件编号	元件名称	数量	与之相连的前置元件	与之相连的后置元件	与前后置元件的连接方式
1					
……					

(2)压缩空气达到最高限压后,空气压缩机停止运转,此压力由＿＿＿＿＿可以读出,压力大小与＿＿＿＿阀有关。当压力降低后,空气压缩机自动起动。

(3)气动设备入口压力由＿＿＿＿阀调节,此压力＿＿＿＿(大于、小于)储气罐内的压力。

(4)气源系统净化元件包括＿＿＿＿＿＿＿＿＿＿＿＿＿＿＿＿＿＿＿＿＿＿。

(5)气源处理元件(装置)包括＿＿＿＿＿＿＿、＿＿＿＿＿＿、＿＿＿＿＿＿。

(6)系统安全保护(过压保护)措施主要有＿＿＿＿＿＿＿＿、＿＿＿＿＿＿。

(7)用各组成元件图形符号表示气源装置。

(8)若安全阀调压弹簧失效,其后果是＿＿＿＿＿＿＿＿＿＿＿。

2. 实践规范

(1) 拆卸前,判断系统已经完全卸压,电路断电。

(2) 管路连接符合规范。

(3) 元件安装方向、位置符合规范。

3. 过程分析

气体的流程是一个气体发生到流出的过程,也是气体净化过程。对气源系统的拆卸与装配可以基于这样的流程进行。对气源的处理主要是压力调节和空气油雾,对气源安全的控制主要是利用压力控制。

■知识链接

1. 气源系统主要组成

气源系统也称为空气站,是保证气动系统正常工作所不可缺少的动力源。气源系统一般由以下四部分组成。

(1) 气源发生装置,即产生压缩空气的气压发生装置,如空气压缩机。

(2) 气源净化装置,即除去压缩空气中水分、油分和灰分等杂质的装置,如过滤器、流体分离器、干燥器。

(3) 气源处理装置,即对压缩空气调压、润滑和进一步净化的装置,如气动三联件(空气过滤器、减压阀和油雾器)。

(4) 气源输送装置,即输送压缩空气的供气管道系统,如气管、管接头、截止阀。

图5-3所示为大型空气站实景与构成示意图。

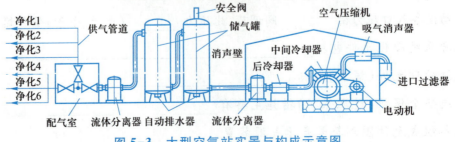

图 5-3　大型空气站实景与构成示意图

2. 气源发生装置——空气压缩机

空气压缩机是将原动机的机械能转换成气体压力能的一种能量转换装置。与液压系统液压泵功能类似,它为气动系统提供具有一定压力和流量的压缩空气。

空气压缩机分容积式和动力式两大类。其中,容积式空气压缩机应用最广,主要形式有:活塞式空气压缩机、叶片式空气压缩机和螺杆式空气压缩机,如图 5-4 所示。

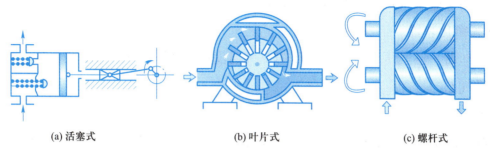

(a) 活塞式　　　　　　　(b) 叶片式　　　　　　　(c) 螺杆式

图 5-4　容积式空气压缩机主要形式

目前,气动系统中较常用的是活塞式空气压缩机。由于活塞式空气压缩机存在噪声大等缺陷,螺杆式空气压缩机有取代活塞式空气压缩机的趋势。

图 5-5 所示为单级活塞式空气压缩机工作原理,曲柄在电动机的带动下作逆时针转动,通过连杆、活塞杆,带动活塞作往复运动。当活塞向右运动时,气缸内容积增大形成局部真空,在大气压的作用下,吸气阀打开(此时排气阀关闭),空气进入气缸,完成吸气;当活塞向左运动时,气缸内空气受压,压力升高,排气阀打开(此时吸气阀关闭),完成压气。

学习提示

家用打气筒也是一种容积式空压机。

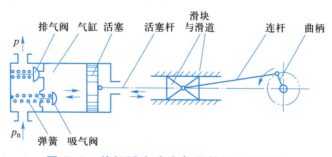

图 5-5　单级活塞式空气压缩机工作原理

空气压缩机在安装使用过程中,需要注意以下事项。

(1) 空气压缩机的安装地点必须清洁,无粉尘、通风好、湿度小、温度低且要留有维护空间,一般要安装在专用机房内。

（2）空气压缩机一旦运转就会产生噪声,因此必须有相应的防噪声措施。常见噪声防治方法有设置隔声罩、消声器等。

（3）起动前应检查润滑油位。应使用专用润滑油,并定期更换。空气压缩机工作前,最好空转 3 min 以上,再正常操作。

（4）检查运转方向是否和指示箭头方向相同。

（5）定期检查空气过滤器是否有污染物附着,以保持良好的空气过滤效果。

3. 气源净化装置

（1）冷却器。空气压缩机输出的压缩空气温度高达 120~180℃,在此温度下,空气中的水分完全呈气态。冷却器的作用就是将空气压缩机出口的高温压缩空气冷却到 40℃,将其中的水蒸气和油雾冷凝成水滴和油滴,以便经流体分离器排出。

冷却器的结构形式有:蛇形管式、列管式、散热片式、管套式。冷却方式有水冷和气冷两种方式。蛇形管和列管式冷却器是常用的水冷冷却器,如图 5-6 所示。为提高冷却效果,冷却水进口应靠近压缩空气出口。

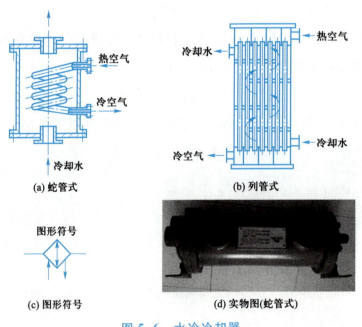

(a) 蛇管式　　(b) 列管式

(c) 图形符号　　(d) 实物图(蛇管式)

图 5-6　水冷冷却器

（2）流体分离器。流体分离器安装在冷却器出口管道上,它的作用是分离并排出经后冷却器凝聚的油分、水分和灰分杂质等,使压缩空气得到初步净化。流体分离器的结构形式有环形回转式、撞击折回式、离心旋转式、水浴式,以及以上形式的组合等。

图 5-7a 所示是撞击折回并回转式流体分离器的结构形式。它的工作原理是:当压缩空气由入口进入分离器壳体后,气流先受到隔板阻挡而被撞击折回向下(见图中箭头所示流向);之后又上升产生环形回转,这样凝聚在压缩空气中的油滴、水滴等杂质受惯性力作用而分离析出,沉降于壳体底部,由放油水阀定期排出。为提高油水分离效果,气流在回转后上

升的速度不超过 0.5 m/s。图 5-7b、c、d 分别为手动排水和自动排水流体分离器图形符号和实物图。

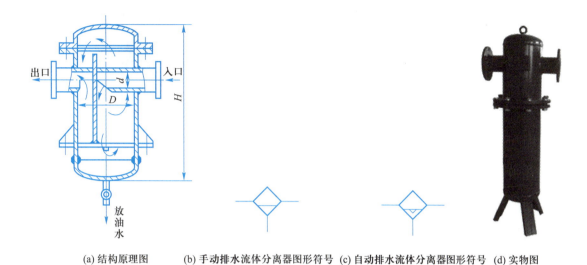

(a) 结构原理图　　(b) 手动排水流体分离器图形符号 (c) 自动排水流体分离器图形符号　(d) 实物图

图 5-7　流体分离器

（3）空气过滤器。空气过滤器根据固体物质和空气分子的大小和质量不同,利用惯性、阻隔和吸附的方法将灰尘和杂物与空气分离。它又分为一次过滤器和二次过滤器。

图 5-8 所示为一次过滤器常见的滤芯,一般安装在空气压缩机入口位置,过滤空气中所含的一部分灰尘和杂物,滤灰效率为 50%～70%。

图 5-9a 所示为二次过滤器结构原理图,它常与减压阀和油雾器组成气源处理装置,滤灰效率为 70%～90%。当压缩空气从输入口进入后,被引入旋风叶子,旋风叶子上有很多小缺口,使空气沿切线方向产生强烈的旋转,这样夹杂在气体中的较大水滴、油滴、灰尘（主要是水滴）便获得较大的离心力,并高速与存水杯内壁碰撞,而从气体中分离出来,沉淀于存水杯中,然后气体通过中间的滤芯拦截并滤去部分灰尘、雾状水,洁净的空气便从输出口输出。挡水板可防止气体漩涡将杯中积存的污水卷起而破坏过滤作用。为保证空气过滤器

图 5-8　一次过滤器
常见的滤芯

正常工作,必须及时将存水杯中的污水通过手动排水阀放掉。在某些人工排水不方便的场合,可采用自动排水式空气过滤器。图 5-9b、c 所示为二次过滤器图形符号和实物图。

（4）储气罐。储气罐除了能进一步分离压缩空气中的油、水等杂质外,还有以下作用。

1）储存一定数量的压缩空气,以备发生故障或临时需要应急使用。

2）消除由于空气压缩机断续排气引起的系统压力脉动,保证输出气流的连续性和平稳性。

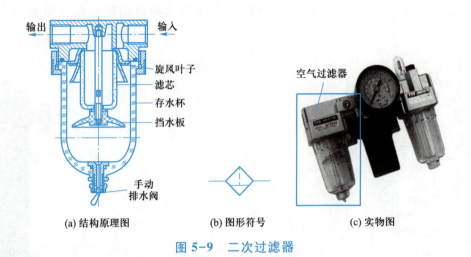

图 5-9　二次过滤器

　　3）降低空气压缩机的起动—停止频率,其功能相当于增大了空气压缩机的功率。

　　一般气动系统中的储气罐多为立式,它用钢板焊接而成,并装有泄放过剩压力的安全阀、指示罐内压力的压力表和排放冷凝水的排水阀,如图 5-10 所示。在安装储气罐时,应使进气口在下,出气口在上,并尽可能加大两管口的距离。

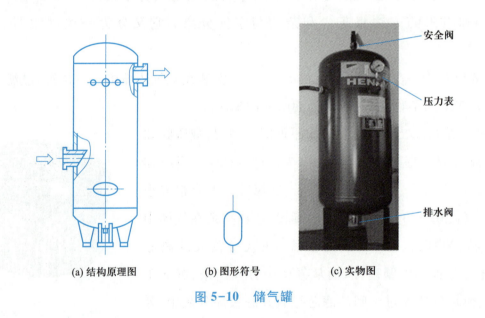

图 5-10　储气罐

　　(5)干燥器。压缩空气经过冷却器、流体分离器和储气罐后得到初步净化,已能满足一般气压传动的需要,但仍含一定量的油分、水分以及少量的粉尘。如果用于精密的气动装置、气动仪表等,上述压缩空气还必须进行干燥处理。压缩空气干燥方法主要采用吸附法和冷却法。

　　吸附法是利用具有吸附性能的吸附剂(如硅胶、铝胶或分子筛)来吸附压缩空气中含有的水分,而使其干燥。吸附式干燥器的外壳呈筒形,其中分层设置栅板、吸附剂、滤网等,如图 5-11 所示。湿空气从湿空气进气管进入干燥器,通过吸附剂层、钢丝过滤网、上栅板和下部吸附剂层后,因其中的水分被吸附剂吸收而变得很干燥。然后,再经过钢丝过滤网、下栅板和钢丝过滤网,干燥、洁净的压缩空气便从输出管排出。当吸附剂吸收的水分达到饱和状态时,其吸附性能会显著下降,为了使吸附剂恢复吸附性能(即再生),向再生空气进气管通入热空气可以使得吸附剂再生。图 5-11b 所示为干燥器图形符号,图 5-11c 所示为无热再生吸附式干燥器实物。

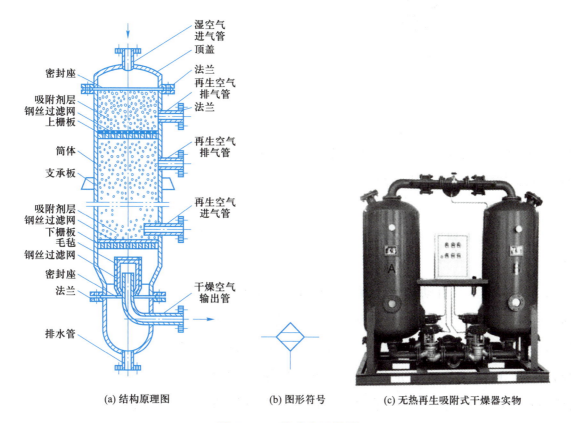

(a) 结构原理图　　　　(b) 图形符号　　　　(c) 无热再生吸附式干燥器实物

图 5-11　吸附式干燥器

4. 气源处理装置

在气动技术中,将空气过滤器、减压阀和油雾器采用无管连接为一体,被称为气源处理装置(也称气动三联件),如图 5-12a 所示。

气源处理装置一般安装在空气站(气源系统)之后,用气设备之前,是多数气动系统中不可缺少的气动组件,是压缩空气质量的最后保证,具有净化、调压和润滑三大功能。

经初步净化的压缩空气首先进入空气过滤器,经除水、滤灰净化后进入减压阀,经减压后满足气动系统的要求压力,最后进入油雾器,将润滑油雾化后混入压缩空气一起输往气动控制和执行装置。图 5-12b、c 所示为气源调节装置的图形符号和简化图形符号。

气源处理装置中空气过滤器的净化功能已在前面介绍,这里重点介绍减压阀和油雾器的功能。

(1) 减压阀及其调压功能。气源系统输出的压缩空气通常可供多台气动设备使用,因此,气源系统输出的空气压力往往要高于每台设备所需的压力,且压力波动较大。如果压力

(a) 气源处理装置实物图　　　　　　　(b) 图形符号　　　　(c) 简化图形符号

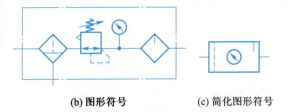

图 5-12　气源处理装置

过高,将造成能量的损失并增加损耗;过低的压力则出力不足,降低效率。因此,每台气动设备的供气压力都需要用减压阀减压,并保持稳定。

气动减压阀的作用是将较高的输入压力调低到规定的输出压力,并能保持输出压力基本稳定,不受空气流量变化及气源压力波动的影响。减压阀的调压方式有直动式和先导式两种。

图 5-13a 所示为直动式减压阀。当顺时针方向调整手柄时,调压弹簧(实为两个弹簧)推动下弹簧座、膜片和阀芯向下移动,使阀口开启,气流通过阀口后压力降低,从右侧输出二次压力空气。与此同时,有一部分气流由阻尼孔进入膜片室,在膜片下产生一个向上的推力与弹簧平衡,调压阀便有稳定的压力输出。当输入压力 p_1 升高时,输出压力 p_2 也随之升高,使膜片下的压力也升高,将膜片向上推,阀芯在复位弹簧的作用下上移,从而使阀口的开度减小,节流作用增强,使输出压力降低到调定值为止;反之,若输入压力下降,则输出压力下降,膜片下移,阀口开度增加,节流作用降低,使输出压力回升到调定压力,以维持压力稳定。图 5-13b、c 所示为直动式减压阀的图形符号和实物图。

(2) 油雾器及其润滑功能。油雾器是一种特殊的注油装置。它以压缩空气为动力,将润滑油喷射成雾状并混合于压缩空气中,使压缩空气具有润滑气动元件的能力,以减少相对运动件之间的摩擦力,减少密封材料的磨损,防止泄漏,防止管道及金属零部件的腐蚀,延长元件使用寿命。

图 5-14a 所示为油雾器的工作原理图,当气流经过节流小口时,压力下降为 p_2,若输入压力 p_1 和 p_2 的压力差大于位能 $\rho g h$,油液被吸上,并被节流处的高速气流射散,雾化后从输出口流出。图 5-14b、c 所示分别为油雾器图形符号和实物图。油雾器使用时应注意以下几点。

1) 油雾器一般安装在过滤器、减压阀之后,且应尽量靠近需要润滑的气动元件部位,距离一般不超过 5 m。

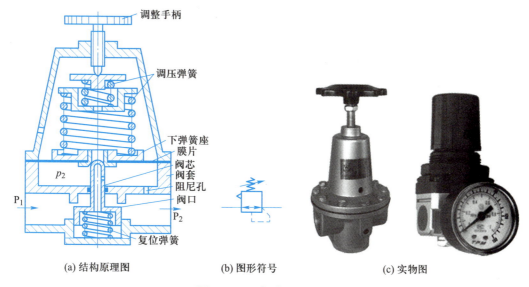

　　　　(a) 结构原理图　　　　　(b) 图形符号　　　　　(c) 实物图

图 5-13　直动式减压阀

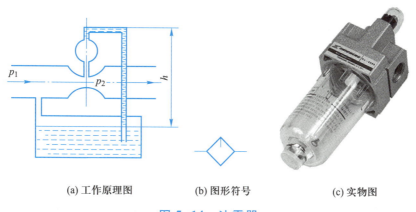

　　　(a) 工作原理图　　　　(b) 图形符号　　　　(c) 实物图

图 5-14　油雾器

　　2）选择油雾器的主要依据是气动装置所需空气流量及油雾粒度的大小。**普通型油雾器**主要用于一般气缸、气阀的润滑。

　　3）油雾器油杯中的油需保持在工作液位（最高和最低液位之间）。供油量随使用场合不同而不同，一般大约每 $10\ m^3$ 自由空气供给 $1\ cm^3$ 的油量。

　　4）油雾器的油量要合适，过多的润滑油会导致先导阀口堵塞，会粘结在驱动器、阀、消声器等上面，会损坏密封或其他敏感材料，会带来生锈、微粒等其他影响。测试油雾器油量时，可以使用一张白纸用风枪在距离大约 30 cm 处吹气 30 s，白纸应该微微泛黄，不能有油滴流下，如图 5-15 所示。

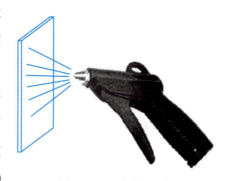

图 5-15　油量测试

　　并不是所有的气动设备都需要油雾器,有些气动元件具有自润滑功能,增设油雾器反而影响润滑效果。

　　5. 供气管道

　　(1)气动管件。在气动系统中,管件起着连接各气动元件的重要作用,通过它向各控制点和气动元件输送压缩空气。

　　气动管件的材料有金属和非金属之分,金属管件多用于车间气源管道和大型气动设备,非金属管件多用于中小型气动系统元件之间的连接,以及需要经常移动的元件之间连接(如气动工具)。

　　气动软管是气动系统最主要的连接管件,它具有可挠性、吸振性、消声性,以及连接、调整方便等特点。气动软管主要有橡胶管、尼龙管、聚氨酯管和聚乙烯管。

　　(2)气动管接头。气动系统中使用的管接头的结构及工作原理与液压管接头相似,分为卡套式、扩口螺纹式、卡箍式、插入快换式等。

　　气动软管接头种类、规格很多,常用的结构有快换式管接头、快插式管接头、快拧式管接头和宝塔式管接头等。管接头形式有直通、终端、直角、三通、四通、多通、异径、内外螺纹及带单向阀等,应用于不同场合,如图5-16所示。

PX Y型螺纹三通 　　PW Y型三通变径 　　PV二通 　　PU直通

图5-16　气动管接头部分形式

　　图5-17所示为快插式管接头结构原理。使用时将管子插入后,由于管接头的弹性卡环将其自行咬合固定,并由O形或Y形密封圈密封。卸管时,只需将弹性卡环压下,即可方便拔出管子。快插式管接头种类繁多,尺寸系列十分齐全,是软管连接中应用最广泛的一种。

　　图5-18所示为带单向元件的快换式管接头,在其内部装有单向元件,接头相互连接时靠钢球定位,接头接上时,顶杆推开两侧单向元件,两侧气路接通,接头卸开时,气路即断开,不需要装气源开关。快换接头是一种既不需要工具又能实现快速装拆

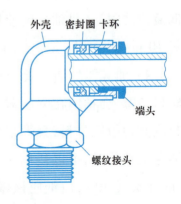

外壳　密封圈　卡环

端头

螺纹接头

图5-17　快插式管接头结构原理

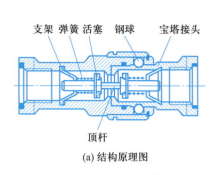

支架　弹簧　活塞　钢球　宝塔接头

顶杆

(a) 结构原理图　　　　(b) 实物图

图 5-18　带单向元件的快换式管接头

的管接头。

（3）供气系统管路。供气系统管路主要包括以下三个方面。

1）压缩空气站内气源管路。它包括从空气压缩机的排气口至冷却器、流体分离器、储气罐、干燥器等设备的压缩空气管路。

2）厂区压缩空气管路。它包括从压缩空气站至各用气车间的压缩空气输送管路。

3）用气车间压缩空气管路。它包括从车间入口到气动装置和气动设备的压缩空气输送管路。

6. 气源系统压力安全控制

（1）利用压力自动开关。图 5-19 所示为空气压缩机压力自动开关安全控制图,合上空气开关,即可起动电动机。当压缩空气压力达到安全设定值时,压力自动开关断开,控制磁力起动器断开,电动机停止运转;当压缩空气压力降低一定值后,压力自动开关复位,控制磁力起动器合上,电动机继续运转。通过旋调压力自动开关上的旋钮,即可设定压缩空气安全压力值。

空气开关

压力自动开关

磁力起动器

空气压缩机

电动机

图 5-19　空气压缩机压力自动开关安全控制图

> **学习提示**
>
> 压力自动开关与液压系统中的压力继电器原理类似。

（2）利用安全气阀（溢流阀）。图 5-20 所示为利用安装在储气罐上的安全阀,实现安全控制。如图 5-21a、b 所示,当罐内达到规定压力时,推开安全阀内阀芯或膜片,安全阀打开,向大气放气,控制气罐内压力继续升高,实现安全保护。图 5-21c、d 所示为安全阀图形符号和球阀式安全阀实物图。

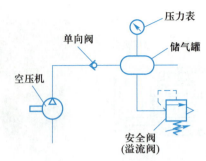

图 5-20   利用安装在储气罐上的安全阀实现安全控制

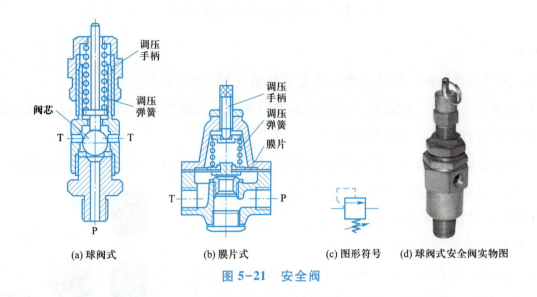

(a) 球阀式   (b) 膜片式   (c) 图形符号   (d) 球阀式安全阀实物图

图 5-21   安全阀

> **学习提示**
>
> 安全阀与液压系统中的直动式溢流阀原理类似。

7. 气源系统压力控制

(1)一次压力控制回路。图 5-20 所示为一次压力控制回路。这种回路主要用于使储气罐送出的气体压力不超过规定压力。为此,通常在储气罐上安装一个安全阀,用来实现一旦罐内超过规定压力就向大气放气。也常在储气罐上装一电接点压力表,一旦超过规定压力,即由它控制空气压缩机断电而不再供气。

(2)二次压力控制回路。二次压力控制回路主要是指对气动设备的进气压力的控制。图 5-22 所示是由空气过滤器、减压阀、油雾器,即气源处理装置组成的二次压力控制回路。

(3)高低压回路及高低压转换回路。在气动系统中,有时需要提供两种不同的压力,来驱动执行元件。图 5-23 所示的回路是利用两个减压阀和一个换向阀来输出低压或高压气源的高低压转换回路;若去掉换向阀,就可同时输出高低压两种压缩空气。

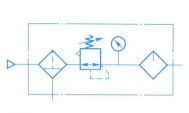

图 5-22　二次压力控制回路　　　　　图 5-23　高低压转换回路

学以致用

1. 接通电源后,空气压缩机不动作,试分析原因。

〈回答提示〉从电路、气路出发。

2. 空气净化装置除油与气源处理装置中注油(油雾器)两者之间是否存在矛盾?

〈回答提示〉从去除的油和加注的油质量出发。

> **学习提示**
>
> 　　空气过滤器主要故障现象:① 从输出端溢出冷凝水。主要原因有未及时排出冷凝水;自动排水器发生故障等。② 漏气。主要原因有密封不良;因物理(冲击)、化学原因使塑料杯产生裂痕;自动排水器失灵等。
>
> 　　油雾器主要故障现象:① 无油滴。主要原因有没有产生油滴下落所需的压差;油雾器反向安装;油道堵塞;油杯未加压等。② 空气向外泄漏。主要原因有油杯破损;密封不良;观察玻璃破损等。③ 油滴数不能减少。主要原因有油量调整螺钉失效等。

知识拓展

空气压缩机的选用

　　选用空气压缩机时,首先应按气动系统特点选择空气压缩机的类型,然后确定空气压缩机的工作压力与流量。

　　(1)工作压力。一般气动系统的工作压力为 0.5~0.6 MPa,可选用额定工作压力为 0.7~0.8 MPa 的空气压缩机。

　　(2)流量。对每台气动装置来讲,执行元件通常是断续工作的,因而其所需的耗气量也是断续的,并且每个耗气元件的耗气量大小也不同,因此,在供气系统中,把所有气动元件和装置在一定时间内的平均耗气量之和作为确定空气压缩机供气量的依据。考虑到气体的可压缩性，须将各元件和装置在不同压力下的压缩空气流量转换为大气压下的自由空气流量，转换公式可参考相关气动设计手册。

任务 5-2   气缸与气动马达认知 >>>   ■

▌生活导入

气动系统的气缸与气动马达与液压系统中液压缸与液压马达在功能上是一致的。气缸将气压能转换为直线运动的机械能，气动马达则将气压能转换为回转运动的机械能。

与液压缸与液压马达相比，气缸与气动马达种类更加繁多，应用也更加广泛。

▌任务实践

实践课题：普通气缸拆装

1. 任务描述

根据学校实际情况，选择一种气缸进行拆装，并回答下列问题。

（1）完成表 5-2。

表5-2　任　务　单

序号	气缸的名称	输出运动方式（直线、回转）	铭牌缸径	铭牌行程或转角	铭牌工作压力	动作形式（单作用、双作用）	活塞杆外径及螺纹形式	进出气口连接方式	缓冲形式	安装固定方式

（2）气缸泄漏位置有＿＿＿＿＿＿＿＿＿＿＿＿＿＿＿＿＿＿＿＿＿＿。

（3）结合液压缸的安装要点，你认为气缸安装应该注意＿＿＿＿＿＿＿＿＿＿＿＿＿＿。

（4）若气缸活塞密封圈失效，其后果是＿＿＿＿＿＿＿＿＿＿＿＿＿。

2. 实践规范

（1）拆装顺序正确，避免漏装或错装零件。

（2）拆装工具使用符合钳工技术规范。

（3）保持拆卸零件清洁，安装后泵轴转动灵活。

（4）操作文明。

3. 过程分析

熟悉装配关系,明确装配顺序,按顺序拆装。

▌知识链接

1. 普通气缸

普通气缸由缸筒、前后缸盖、活塞、密封件和紧固件等零件组成,它将压缩空气压力能转换为直线运动机械能,在各类气缸中应用最为广泛。

图 5-24a 所示为普通型单活塞杆双作用气缸的结构原理图。气缸由活塞分成两个腔,有杆腔和无杆腔。当压缩空气进入无杆腔时,压缩空气作用在活塞右端面上的力将克服各种反作用力,推动活塞前进,有杆腔内的空气排入大气,使活塞杆伸出;反之,当压缩空气进入有杆腔时,活塞便向左运动,活塞杆返回。气缸无杆腔和有杆腔的交替进气和排气,使活塞伸出和退回,气缸实现往复运动。为了减缓运动冲击,在活塞端部设置缓冲柱塞,在端盖上开有相应的缓冲柱塞孔。图 5-24b、c 所示为实物图和带可调节流缓冲装置的图形符号。

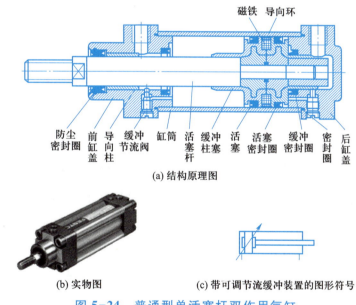

磁铁　导向环

防尘密封圈　前缸盖　导向柱　缓冲节流阀　缸筒　活塞杆　缓冲柱塞　活塞　活塞密封圈　缓冲密封圈　密封圈　后缸盖

(a) 结构原理图

(b) 实物图　　　　(c) 带可调节流缓冲装置的图形符号

图 5-24　普通型单活塞杆双作用气缸

图 5-25a 所示为普通型单活塞杆单作用气缸结构原理图。与双作用气缸不同的是,活塞的一侧装有使活塞杆复位的弹簧,另一端缸盖上设有进出气口。单作用气缸的工作特点如下。

(1) 单边进气,结构简单,耗气量小。

(2) 缸内安装有复位弹簧,增加了气缸长度,缩短了气缸的有效行程。

(3) 借助弹簧力复位,使压缩空气的能量有一部分用来克服弹簧张力,减小了活塞杆的输出力,而且输出力的大小和活塞杆的运动速度在整个行程中随弹簧的形变而变化。

单作用气缸多用于行程较短以及对活塞杆输出力和运动速度要求不高的场合。

图 5-25b、c 所示为图形符号和实物图。对于普通气缸,其缸径和行程大都已经标准化,表 5-3 所列为气缸缸径及行程标准系列。

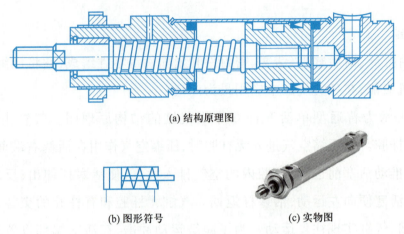

(a) 结构原理图

(b) 图形符号　　　　　　　　　　　　(c) 实物图

图 5-25　普通型单活塞杆单作用气缸

表 5-3　气缸缸径及行程标准系列　　　　　　　　　　　　　　mm

缸径	8、10、12、16、20、25、32、40、50、63、80、100、125、160、200、250、320、400 等
行程	25、50、80、100、125、200、250、320、400、500、630、800、1000、1250、2000 等

2. 气动马达

气动马达是将压缩空气的压力能转换为回转运动机械能的气动执行元件。图 5-26a 所示是叶片式气动马达的结构原理图。压缩空气由 A 孔输入时分为两路:一路经定子两端密封盖的槽进入叶片底部(图中未表示),将叶片推出,另一路进入相应的密封空间而作用在两个叶片上,由于两叶片伸出长度不等,就产生了转矩差,使叶片与转子按逆时针方向旋转。若改变压缩空气输入方向,则可改变转子的转向。图 5-26b、c 所示分别为叶片式气动马达实物图和定量气动马达图形符号。

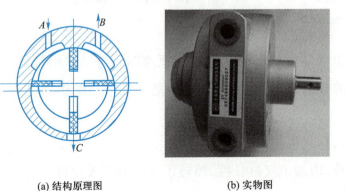

(a) 结构原理图　　　　　　　　(b) 实物图　　　　　　　(c) 定量气动马达图形符号

图 5-26　叶片式气动马达

图 5-27a 所示为径向活塞式气动马达的结构原理图。压缩空气经进气口进入分配阀（又称配气阀）后再进入气缸,推动活塞及连杆组件运动,在使曲轴旋转的同时,带动固定在曲轴上的分配阀同步转动,使压缩空气随着分配阀角度位置的改变而进入不同的缸内,依次推动各个活塞运动,并由各活塞及连杆带动曲轴连续运转。图 5-27b 所示为径向活塞式气动马达实物图。

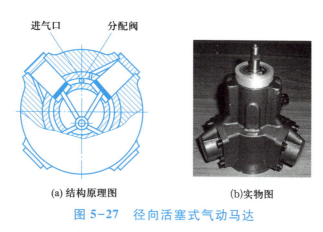

(a) 结构原理图　　　　　　(b)实物图

图 5-27　径向活塞式气动马达

学习提示

与电动马达(电动机)相比,气动马达有以下特点:① 能够瞬时换向。只要简单操纵气阀来变换进出气方向,即能实现气动马达输出轴的正转和反转换接。② 环境适应性好。能在恶劣的环境下工作,使用过的空气也不需要处理,不会造成污染。③ 有过载保护作用,不会因过载而发生故障。④ 具有较高的起动力矩,可以直接带负载起动。⑤ 功率范围及转速范围较宽。功率小到几百瓦,大到几万瓦,转速可以从零到25 000 r/min 或更高。⑥ 可长时间满载运转,温升较小。⑦ 气动马达具有输出功率小、耗气量大、效率低、噪声大和易产生振动等缺点。因此,气动马达常在潮湿、温度变化大、高粉尘等恶劣环境下工作。气动马达不仅能用于矿山机械中的凿岩、钻采、装载等设备中,而且在船舶、冶金、化工、造纸等行业得到广泛应用。

3. 摆动气缸

摆动气缸也称为摆动气马达,它是将压缩空气的压力能转变成气缸输出轴的有限回转机械能的一种气缸。它多用于转动角度小于 360° 的回转工作部件,例如夹具的回转、阀门的开启、转塔车床刀架的转位,以及自动线上物料的转位等场合。

图 5-28a 所示为单叶片摆动气缸的结构原理图。定子与缸体固定在一起,叶片和转子(输出轴)连接在一起。当左腔进气时,转子顺时针转动;反之转子则逆时针转动。图 5-28b、c 分别为单叶片摆动气缸实物图和图形符号。

图 5-29a 为齿轮齿条式摆动气缸结构原理图,它是通过连接在活塞上的齿条使齿轮回转的一种摆动气缸。

(a) 结构原理图　　　　(b) 实物图　　　　(c) 双作用摆动气缸(马达)图形符号

图 5-28　单叶片摆动气缸

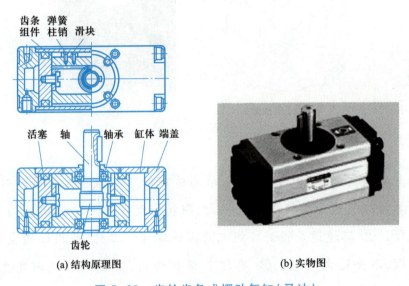

(a) 结构原理图　　　　　(b) 实物图

图 5-29　齿轮齿条式摆动气缸(马达)

4. 气缸的选择及使用要求

(1) 气缸的选择过程如下。

1) 安装形式的选择。安装形式由安装位置、使用目的等因素决定,一般场合下,多用固定式气缸。在需要随同工作机构连续回转时应选择回转气缸;在既要求活塞杆做直线运动,又要求缸体本身作较大圆弧摆动时,则选用轴销式气缸;有特殊要求时,可选用特殊气缸。

2) 作用力大小的确定。根据机构所需力的大小来确定气缸的推力和拉力。

3) 气缸行程长短的确定。气缸行程与机构所需的行程有关,也受加工和结构的限制。

4) 活塞(或缸体)运动速度的确定。运动速度主要取决于输入气缸压缩空气的流量、气缸进出气口的大小,以及导管内径的大小。普通气缸运动速度一般为 0.5~1 m/s。

5) 气缸内径的选定。气缸内径主要决定因素为气缸负载及气源供气压力。

(2) 气缸在使用中的注意事项如下。

1) 应根据气缸的具体安装位置和运动方式,合理选择安装辅件。

2) 在需要加装节流阀调速的情况下,应选择排气节流阀,消除气缸的爬行现象。

3）有的气缸可以在没有油雾器的环境下正常工作。

4）活塞杆与工件之间的连接宜采用柔性连接，来补偿轴向和径向的偏差。

5）应尽量避免活塞杆头部螺纹退刀槽承受冲击力和扭力。

6）保证气源的清洁，定期要对气缸进行检查清洗，尤其要注意对活塞杆的维护，以延长气缸的使用寿命。

5. 气缸的安装方式

（1）缸体的安装。如图 5-30 所示，气缸常见安装方式有脚架安装、前法兰安装等。

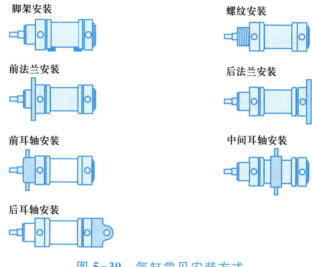

图 5-30　气缸常见安装方式

（2）活塞杆的连接。活塞杆与工件之间的连接宜采用柔性连接，用来补偿轴向或径向偏差，以及与气缸在平面上实现摆动连接。如可采用 Y 形带销接头、关节轴承接头、自对中球铰接头、连接法兰，如图 5-31 所示。

▌学以致用

（1）根据普通气缸拆装，分析气缸缓冲效果不佳可能的原因有哪些。

〈回答提示〉从结构及缓冲原理出发。

（2）气缸左右两腔有时会出现"窜气"（即在工作时，高压腔的压缩空气流入低压腔），试分析可能产生的原因。

〈回答提示〉从气缸结构出发。

| 学习提示 | 气缸主要故障现象：① 输出力不足，动作不平稳。主要原因有润滑不良；活塞或活塞杆卡住；气缸体内表面有锈蚀或缺陷；进入了冷凝水和其他杂质等。② 缓冲效果不佳。主要原因有缓冲部分的密封圈密封性能差；调节螺钉损坏；气缸速度太快等。 |

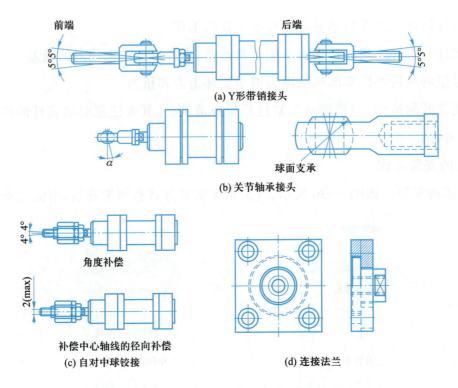

前端　　　　　　　　　后端

(a) Y形带销接头

球面支承

(b) 关节轴承接头

角度补偿

2(max)

补偿中心轴线的径向补偿

(c) 自对中球铰接

(d) 连接法兰

图 5-31　活塞杆与工件之间典型连接方式

知识拓展

几种特殊气缸

(1) 薄膜式气缸。薄膜式气缸是一种利用压缩空气通过膜片的变形来推动活塞杆做直线运动的气缸。它由缸体、膜片、膜盘和活塞杆等主要零件组成,分双作用和单作用两种,分别如图 5-32a、b 所示。

薄膜式气缸具有结构紧凑、维修方便、密封性能好、制造成本低等优点,但因膜片的变形量有限,故其行程短(一般不超过 50 mm),且气缸活塞上的输出力随着行程加大而减小。它广泛应用在化工生产过程的调节器上。

如图 5-32c 所示为单作用薄膜式气缸实物图。

(2) 手指气缸。手指气缸也称为气爪,能实现各种抓取功能,是现代气动机械手的关键部件。气爪有平行气爪、摆动气爪、旋转气爪、三点气爪等形式。图 5-33 所示为平行气爪,它通过两个活塞工作,两个气爪对心移动。这种气爪可以输出很大的抓取力,既可用于内抓取,也可用于外抓取。

(3) 冲击气缸。冲击气缸是把压缩空气的能量转化为活塞高速运动能量的一种气缸,其活塞最大速度可以达到 10 m/s 以上。与普通气缸相比,其冲击能要大上百倍。

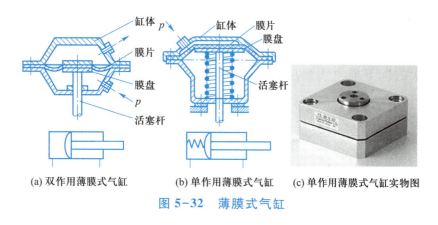

(a) 双作用薄膜式气缸   (b) 单作用薄膜式气缸   (c) 单作用薄膜式气缸实物图

图 5-32 薄膜式气缸

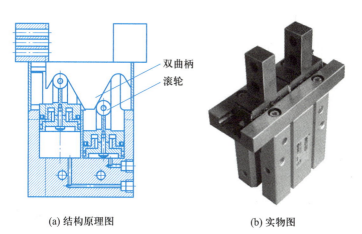

(a) 结构原理图   (b) 实物图

图 5-33 平行气爪

图 5-34a 所示为冲击气缸结构原理图。它由缸体、中盖、活塞和活塞杆等组成。中盖与缸体固结在一起,与活塞一起将气缸分成蓄能腔、活塞腔和活塞杆腔,中盖上有个喷嘴口。冲击气缸工作过程分以下三步:

1)活塞上移,将喷嘴口关闭。

2)向蓄能腔充气,蓄能腔集聚能量。

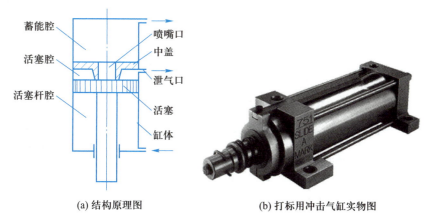

(a) 结构原理图   (b) 打标用冲击气缸实物图

图 5-34 冲击气缸

3）当压力达到克服活塞杆腔排气压力与摩擦力总和时，活塞下移，喷嘴口开启，集聚在蓄能腔中的压缩空气通过喷嘴突然作用在活塞全面积上，喷入活塞腔的高速气流进一步膨胀，给予活塞很大的向下推力和极高的速度，从而获得很大的动能。

（4）无杆气缸。无杆气缸是利用活塞直接或间接连接外界执行的机械，并使其跟随活塞实现往复运动的气缸。这种气缸的最大优点是节省安装空间。无杆气缸分为磁耦无杆气缸和机械接触式无杆气缸。

1）磁耦无杆气缸。如图5-35a所示，在活塞上安装一组高强磁性的内磁环，磁力线通过薄壁缸筒与套在外面的外磁环作用，由于两组磁环磁性相反，具有很强的吸力。活塞在缸筒内被气压推动时，在磁力作用下，带动缸筒外的磁环套一起移动。气缸活塞的推力必须与磁环的吸力相适应。图5-35b所示为磁耦无杆气缸实物图。

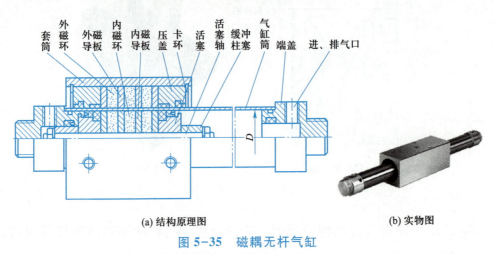

(a) 结构原理图　　　　　　　　　　(b) 实物图

图 5-35　磁耦无杆气缸

2）机械接触式无杆气缸。如图5-36a所示，在气缸缸管轴向开有一条槽，滑块在槽上部移动。活塞架与滑块连接，并穿过槽与活塞连成一体。活塞在缸筒内被气压推动时，带动活塞架与滑块一起移动，带动固定在滑块上的执行机构实现往复运动。为了防止泄漏及防尘，开口槽部采用聚氨酯密封带和防尘不锈钢带固定在两端缸盖上。图5-36b为机械接触式无杆气缸实物图。

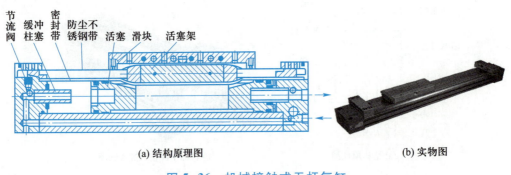

(a) 结构原理图　　　　　　　　　　(b) 实物图

图 5-36　机械接触式无杆气缸

项目学习总结

（1）完美的传动方式是不存在的，尽管气压传动节约资源、清洁、快速，但存在噪声、传动不准确等。尽善尽美是人生追求，也是系统追求。

（2）"类比法"是跨界学习方式，不仅存在"电液对应理论"，液压传动与气压传动在系统组成、元件图形符号、元件功能等方面均具有相似性。在液压技术的基础上学习气压技术，或在气压技术的基础上学习液压技术均会收到事半功倍的效果。

学习情境六
气动系统控制调节元件认知与控制回路装调
——气动系统中的压缩空气是怎样"行走"的

学习情境描述

　　同液压传动系统一样,气动系统之所以能按设计要求完成动作,也是通过对气动执行元件(气缸、气动马达等)方向、速度,以及压力大小的控制和调节来实现的。在生产中,各种气动机械和设备的气动控制系统一般由一些具有特定功能的基本回路组成,这些基本回路主要有方向控制基本回路、速度控制基本回路、压力控制基本回路、逻辑控制基本回路等。同液压基本回路一样,气动基本回路也由具有特定功能的气动控制阀组成。在这些基本回路中,对气动执行元件运动方向控制是最基本的,只有在执行元件的运动符合要求的基础上,才有必要进一步对其速度和压力进行控制和调节。因此,为了能更好地分析、使用、维修、维护各种气动系统,就必须熟悉典型的气动基本回路和相关气动元件的基本功能,熟悉典型气动基本回路的构成,正确装调。

　　由于气体的可压缩性,与液压传动相比,气压传动多用于工作压力不高,速度稳定性要求较低的场合,如送料机构、定位夹紧机构等。

学习思维导图

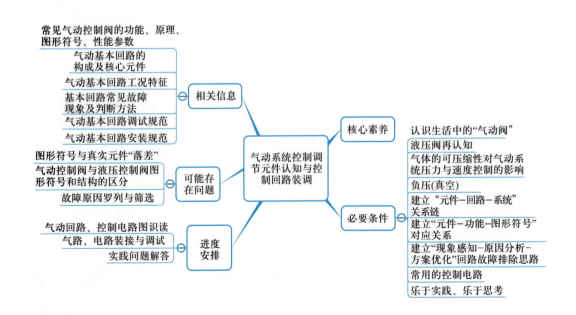

核心素养要求

（1）以生活或生产为依据，了解典型气动控制阀的原理与功能，熟悉其应用特点。

（2）从具象到抽象，从抽象到具象，熟记气动控制阀图形符号，了解其结构，建立实物与图形符号的对应关系。

（3）从"元件-回路-系统"，熟知典型气动基本回路的特征、功能，初步分析气动系统回路组成。

（4）从功能要求，熟悉典型气动基本回路（包括方向控制基本回路、压力控制基本回路、速度控制基本回路、逻辑控制基本回路）工况，初步建立工况与回路的关系。

（5）从现象到本质，从感性到理性，分析气动回路故障，排除回路故障，形成经验性知识。

（6）在气动回路装调实践中，形成科学、严谨、协作的工作态度，规范、标准的工作方式，强化安全意识、环保意识和节能意识。

任务 6-1　直接控制与间接控制气动回路装调 >>>

生活导入

正如对电动机直接起动与间接起动（图 6-1）一样，对气动执行元件动作控制也有直接控制和间接控制之分。

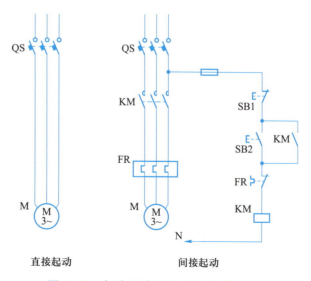

图 6-1　电动机直接起动与间接起动

气动直接控制是通过人力或机械外力直接控制换向阀实现执行元件动作控制。直接控制所用元件少,回路简单,多用于单作用气缸或双作用气缸的简单控制,但无法满足有多个换向条件时的回路控制。

气动间接控制是人力或机械外力等外部输入信号不直接作用在执行元件动作控制换向阀上,而是通过一个或若干中间元件间接控制执行元件动作。间接控制主要用于执行元件需要较大的压缩空气流量,以及控制要求比较复杂,控制信号可能不止一个,或者输入信号需要经过逻辑运算、延时等处理后才能控制执行元件动作的场合。

▌任务实践

实践课题:送料装置直接控制与间接控制回路装调

1. 任务描述

送料装置是工业生产自动化设备中常见的组成部分。如图 6-2 所示,气缸将位于垂直料仓中的物料推送到传送带上,并由传送带送到规定的加工位置。当气缸活塞伸出时,物料推出,当气缸活塞返回时,为下次物料推送做准备。

图 6-3 所示为送料装置直接控制气动回路图,图 6-4 所示为送料装置间接控制气动回路图。读懂该气动送料直接与间接控制回路,选择合适的气动元件,运用 Automation Studio 软件仿真模拟,在气动实训工作台上完成气动直接与间接控制回路装调,并回答下列问题:

(1)描述各回路方向控制阀阀芯的位置与气缸动作方向的关系,分别填写表 6-1 和表 6-2。

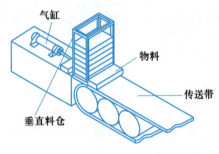

图 6-2   送料装置

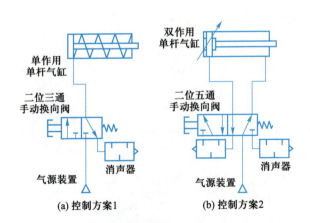

(a) 控制方案1   (b) 控制方案2

图 6-3   送料装置直接控制气动回路图

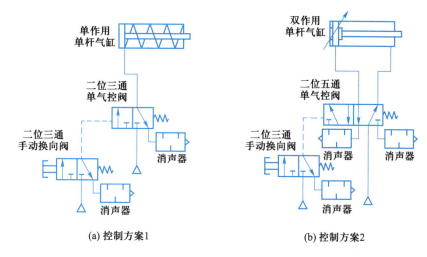

(a) 控制方案1　　　　　　(b) 控制方案2

图 6-4　送料装置间接控制气动回路图

表 6-1　直接控制动作表

动作		二位三通手动换向阀	二位五通手动换向阀
控制方案 1	气缸前进		
	气缸返回		
控制方案 2	气缸前进		
	气缸返回		

表 6-2　间接控制动作表

动作		二位三通手动换向阀	二位三通单气控阀	二位五通单气控阀
控制方案 1	气缸前进			
	气缸返回			
控制方案 2	气缸前进			
	气缸返回			

（2）在回路连接时，如何保证控制阀在常态位置（即弹簧作用位置）时，气缸活塞处于原位（收缩）状态的。

（3）若将图 6-4 中的二位三通手动换向阀换成图 6-5 所示的二位三通手动换向阀，其控制效果有何不同？

（4）消声器一般安装在_____，若出现故障，其后果是_____

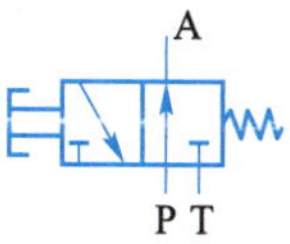

_____。

图 6-5　二位三通
手动换向阀

气动换向阀主要技术参数有动作方式、接管口直径、位置数、气口数、使用压力等,其规格型号说明可以参看不同厂商样本手册。选择气动换向阀除了考虑控制方式、安装方式外,更重要的是保证接管口大小满足气流速度要求。

2. 实践规范

(1) 元件安装方向、位置符合实训规范。

(2) 管路连接符合实训规范。

(3) 气管布置符合实训规范。

3. 过程分析

在直接控制回路中,控制方案 1 采用的是单作用单杆气缸,适用于行程较小的场合;控制方案 2 采用双作用单杆气缸,适用于行程较大的场合。由于单作用单杆气缸活塞伸出需要压缩空气驱动,返回靠气缸内部弹簧复位,所以选用的换向阀为只有一个输出口的二位三通手动换向阀。对于双作用气缸,活塞的伸出和返回运动均需要压缩空气驱动,所以选用有两个输出口的换向阀。

在间接控制回路中,控制方案 1 适用于行程较小的场合,控制方案 2 适用于行程较大的场合。采用间接控制方案后,二位三通手动换向阀按钮的作用只是控制气控换向阀所需的气压,不再直接驱动气缸运动。

知识链接

1. 换向阀的功能及分类

与液压换向阀一样,气压换向阀也是利用阀芯与阀体间相对位置的改变,使气路接通、切断或变换压缩空气的流动方向,从而使气动执行元件起动、停止或变换运动方向等。按照控制方式可分为气压控制、电磁控制、人力控制和机械控制;按阀芯结构可分为截止式、滑阀式和膜片式等。下文先介绍气压控制和人力控制换向阀,其他阀工作过程与此相似,后续介绍。

在功能、图形符号、规格、名称、使用规范等方面,气动元件与液压元件是相似的,因此利用液压元件学习成果来学习气动元件,可以达到事半功倍的效果。

2. 人力控制换向阀

人力控制换向阀是依靠人力对阀芯位置进行切换的换向阀,它分为手动阀和脚踏阀两大类。

图 6-6 所示为截止式二位三通手动换向阀,当推压按钮未压下时,阀芯在弹簧力作用下,位于上位,进气口关闭,工作气口和排气口相通(图 6-6a);当推压按钮压下时,**阀芯在弹簧力作用下**,位于下位,排气口被关闭,进气口和工作气口相通(图 6-6b)。

图 6-7a 所示为二位三通手动换向阀(按压式)的图形符号,图形符号绘制要领及读法与液压元件相同,这里不再重复。图 6-7b 所示为二位三通手动换向阀(按压式)实物图。

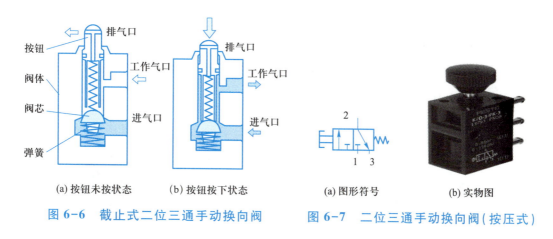

图 6-6 截止式二位三通手动换向阀   图 6-7 二位三通手动换向阀(按压式)

图 6-8 所示为其他常见人力控制换向阀操纵方式。

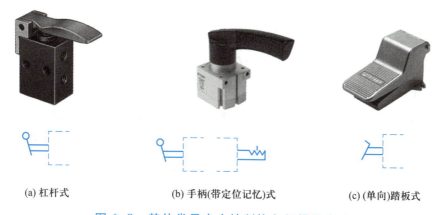

图 6-8 其他常见人力控制换向阀操纵方式

3. 气压控制换向阀

气压控制换向阀,简称气控换向阀,它是利用气体压力使阀芯运动,从而改变气体流向的一种控制阀。这种阀不需要电源,非常适合恶劣的工作环境,如易燃、易爆、潮湿、多粉尘等场合。

气控换向阀按控制方式有单气控和双气控两种;按施压方式有加压控制、卸压控制、差压控制和延时(时间)控制等。

加压控制是指所加的控制信号压力是逐渐上升的,当气压达到阀芯的动作压力时,阀芯迅速移动换向。加压控制是最常用的一种控制方式。

　　卸压控制是指所加的控制信号压力是减少的,当减少到某一压力值时,阀芯迅速移动换向。

　　差压控制是利用阀芯两端所受气压作用面积不等(或两端气压不等)而产生的轴向力差,使阀芯迅速移动换向。

　　延时(时间)控制利用气流经过小孔或缝隙被节流后,再向气室内充气,经过一定的时间,当气室内压力升至一定值后,再推动阀芯动作而换向,从而达到延时的目的。

　　图6-9所示为截止式加压单气控二位三通换向阀结构示意图、图形符号和实物图。图6-9a所示为控制信号口X不通气时,阀芯在弹簧与P口气压作用下,P、A口断开,A、T口接通,阀处于复位状态;图6-9b所示为控制信号口X通气(加压)时,阀芯在控制信号气压的作用下向下运动,P、A口接通,A、T口断开,阀处于动作状态。图6-9c所示为其图形符号。图6-9d所示为其实物图。

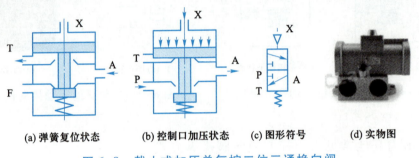

(a) 弹簧复位状态　　(b) 控制口加压状态　　(c) 图形符号　　(d) 实物图

图6-9　截止式加压单气控二位三通换向阀

　　图6-10所示为滑阀式加压单气控二位五通换向阀结构示意图、图形符号和实物图。其工作过程与二位三通单气控阀类似,图6-10a所示为控制信号口X不通气时,阀芯在弹簧作用下位于左位,P口与B口接通,A口与T_1口接通,T_2口处于关闭,阀处于复位状态;图6-11b所示为控制信号口X通气(加压)时,阀芯在控制信号气压的作用下向右运动,P口与A口接通,B口与T_2口接通,T_1口处于关闭,阀处于动作状态。图6-10c所示为其图形符号,图6-10d所示为其实物图。

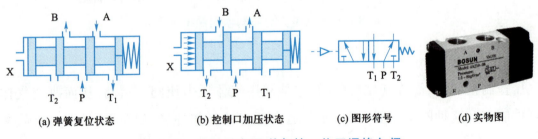

(a) 弹簧复位状态　　(b) 控制口加压状态　　(c) 图形符号　　(d) 实物图

图6-10　滑阀式加压单气控二位五通换向阀

　　图6-11所示为卸压控制双气控二位五通换向阀图形符号,当左边控制气口泄气时,P口与A口相通,B口与T_2口相通,T_1口关闭;当右边控制气口泄气时,P口与B口相通,A口与T_1口相通,T_2口关闭。

图 6-11　卸压控制双气控二位五通换向阀图形符号

4. 消声器

在气动系统工作过程中,气缸、控制阀等气动元件将用过的压缩空气排向大气时,由于排出气体速度很高,气体体积急剧膨胀,产生涡流,引起气体振动,会发出强烈的排气噪声,可达 100~120 dB,危害人的健康,使作业环境恶化,工作效率降低。为了消除和减弱这种噪声,应在控制阀等气动元件的排气口安装消声器。

常见的消声器有三种形式:吸收型、膨胀干涉型和膨胀干涉吸收型。图 6-12 所示为吸收型消声器。

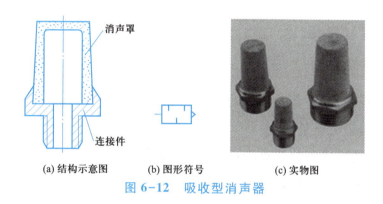

(a) 结构示意图　　　(b) 图形符号　　　(c) 实物图

图 6-12　吸收型消声器

学以致用

(1) 针对图 6-4b 所示的控制方案,回路装接后,接通气源,发现气缸不动作,试分析可能的原因。

〈回答提示〉从元件、管路、气源等方面找原因。

(2) 在实践直接控制与间接控制回路过程中,若受实践条件限制,没有三通阀,仅有五通阀,能否以五通阀作三通阀用? 如何使用? 在图 6-13 中标示出来。

图 6-13　题图

〈回答提示〉从阀的功能实现原理出发。

> 学习提示　气动换向阀主要故障现象:① 不能换向。主要原因有阀的滑动阻力大,润滑不良;O 形密封圈变形;粉尘卡住滑动部分;弹簧损坏;阀操纵力太小等。② 阀产生振动。主要原因有空气压力低(先导型);电源电压低(电磁阀)等。

■ 知 识 拓 展

<h2 style="text-align:center">截止式换向阀的特点简介</h2>

截止式和滑阀式是气动元件两种主要结构形式,图 6-14 所示为气动换向阀结构形式。与滑阀式相比,截止式换向阀有如下特点:

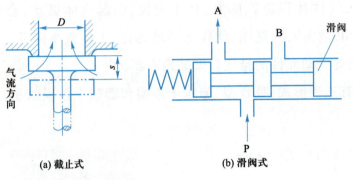

图 6-14   气动换向阀结构形式

(1)阀芯的行程短,只要移动很小的距离就能使阀完全开启,故阀开启时间短,流量特性好,结构紧凑,适用于大流量场合。

(2)密封性好,适应于密封要求较高的场合;泄漏量小但换向力较大,换向时冲击也较大,所以不宜用在灵敏度要求较高的场合。

(3)抗粉尘及污染能力强,对过滤精度要求不高,适用于压缩空气质量较差的场合。

> **任务 6-2**   气动逻辑控制回路装调 >>>

■ 生 活 导 入

逻辑控制不仅在工业生产中,而且在生活中也经常用到。如图 6-15 所示,用甲、乙两只开关控制一盏电灯,可设置仅当甲、乙两只开关同时合上时,电灯才点亮;或者当甲、乙两开关只要有一只开关合上时,灯就被点亮。对于前者,两开关构成逻辑"与"的关系;对于后者,两开关则构成逻辑"或"的关系。

在气动系统中控制执行元件动作的信号往往有多个,信号之间常常存在一定的逻辑关系。处理这些输入控制信号之间的逻辑关系,实现执行元件的动作,是逻辑控制回路的主要功能。

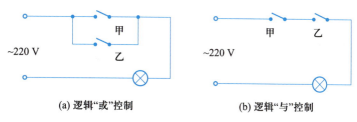

图 6-15　电灯逻辑控制

基本的逻辑关系包括是、非、与、或、与非、或非、同或等,与、或是气动控制系统中最为常见的逻辑关系。

任务实践

实践课题:木材剪切机的气动逻辑控制回路装调

1. 任务描述

图 6-16 所示为木材剪切机,它用一个双作用气缸控制剪刀作剪切运动。为了保证生产安全,避免由于操作者误动作造成人身等意外伤害,要求操作者在切断起动过程中必须采用双手操作,即当操作者两手同时按下控制按钮或手柄时,气缸才作剪切动作,当松开任一控制按钮时,气缸作返回动作。

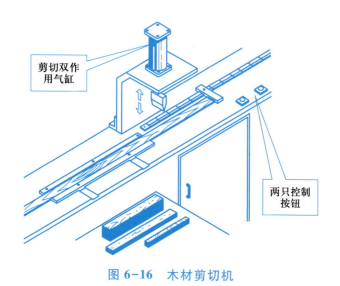

图 6-16　木材剪切机

图 6-17 所示为木材剪切机的气动逻辑控制回路。读懂该控制回路,选择合适的气动元件,运用 Automation Studio 软件仿真模拟,在气动实训工作台上完成气动逻辑控制回路装调,并回答下列问题。

(1)根据实践结果分别填写两种控制方案执行元件动作输入输出真值表(表 6-3)。

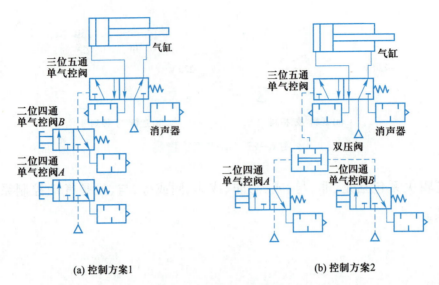

(a) 控制方案1　　　　　　　　　　　(b) 控制方案2

图6-17　木材剪切机的气动逻辑控制回路

表6-3　真　值　表

输入		输出
二位四通单气控阀A	二位四通单气控阀B	气缸
0	0	
0	1	
1	0	
1	1	

注:1代表有输入(阀按下)或输出(缸伸出),0代表无输入或输出。

（2）图6-17逻辑关系可以表达为＿＿＿＿＿＿＿＿。

（3）与控制方案1相比,控制方案2的特点是＿＿＿＿＿＿＿＿＿＿＿。

（4）在控制方案1中,如果再增加一个输入控制阀,实现三个输入控制阀同时按下时,气缸动作,试绘制逻辑控制回路图。

（5）若二位四通单气控阀1不能复位,后果是＿＿＿＿＿＿＿＿。

2. 实践规范

（1）元件安装方向、位置符合实训规范。

（2）管路连接符合实训规范。

（3）气管布置符合实训规范。

3. 过程分析

两种控制方案均采用两只二位四通单气控阀控制气缸动作,当且两只二位四通单气控阀同时按下时气缸才能作伸出运动。控制方案1采用两只二位四通单气控阀串联;控制方案2引入一只双压阀,实现"与"逻辑。

▌知识链接

1. 双压阀

双压阀属于方向控制阀,它有两个输入口(X 和 Y),一个输出口 A。如图 6-18a 所示,当压缩空气单独由 X 口或 Y 口输入时,其压力促使阀芯移动,封闭了与输出口 A 的通道,即 A 口无气体输出。若 X 口先输入压缩空气,Y 口随后也输入压缩空气,则 Y 口的压缩空气由 A 口输出;若 Y 口先输入压缩空气,情况亦然。若 X 口和 Y 口输入的压缩空气压力不等,则压力高的一侧被封闭,而低压侧的压缩空气通过 A 口输出。在逻辑控制上,双压阀又称为"与门"逻辑元件。图 6-18b、c 所示为双压阀的图形符号和实物图。

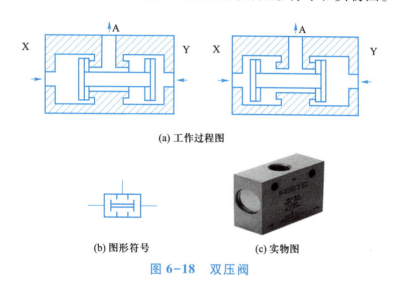

(a) 工作过程图

(b) 图形符号　　　　(c) 实物图

图 6-18　双压阀

2. 梭阀

与双压阀一样,梭阀也属于方向控制阀。它有两个输入口(X 和 Y),一个输出口 A。如图 6-19a 所示,当压缩空气仅从 X 口输入,阀芯将 Y 口封闭,压缩空气从 A 口输出,反之,Y 口压缩空气从 A 口输出。若当 X 口、Y 口同时进气,则哪端压力高,A 口就与哪端相通,另一端自动关闭。由于阀芯像织布梭子一样来回运动,因而称为梭阀,它相当于两个单向阀的组合。图 6-19b、c 所示分别为梭阀的图形符号和实物图。在逻辑控制上,梭阀又称为"或门"逻辑元件。

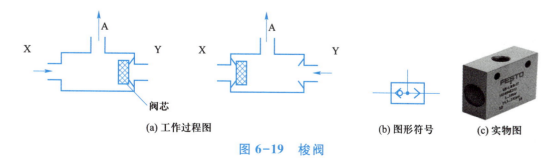

阀芯

(a) 工作过程图　　　　　　　　　　(b) 图形符号　　(c) 实物图

图 6-19　梭阀

3. 逻辑回路

逻辑功能可由气动逻辑元件实现,也可以由方向控制阀组合实现。下面介绍由方向控制阀组合实现的几种基本逻辑回路。

（1）是门回路。一个常开式二位三通换向阀就是一个是门回路,如图 6-20 所示。当有气控信号 X 时,阀有气输出;没有气控信号 X 时,阀没有气输出。因此,起动按钮也是一个是门。

（2）非门回路。若把二位三通换向阀换成常闭式就是一个非门回路,如图 6-21 所示。当没有气控信号 X 时,阀有气输出;有气控信号 X 时,阀反而没有气输出。因此,停止按钮也是一个非门。

图 6-20　是门回路　　　　图 6-21　非门回路

（3）与门回路。把两个常开式二位三通换向阀按图 6-22a 所示串联起来,就成了一个与门回路。图 6-22b 所示是将常开式二位三通换向阀的气源口作为信号输入口,也成为一个与门回路。在锻压和成形机床中,为避免事故发生,常采用与门回路,要求双手同时按下操作按钮时机床才能正常工作。前文已述,一个双压阀也是一个与门回路。

（4）或门回路。把两个常开式二位三通换向阀按图 6-23 所示并联起来就组成一个或门回路。由图可见,两个阀中只要有一个换向,或门回路就有输出。前文已述,一个梭阀也是一个或门回路。或门回路常用于需两地控制的回路中。

（5）记忆回路。一个双气控二位五通换向阀就是一个双输出的记忆回路,如图 6-24a 所示。当有 X 信号时,A 端有输出,B 端无气,若此时 X 信号消失,阀仍保持 A 端有输出状态,即"记忆"。反之,若有 Y 信号,B 端有输出,A 端无气,若此时 Y 信号消失,阀仍保持 B 端有输出状态。但要注意,X、Y 端不能同时有信号输入,否则会出现不定状态。由此,可知图 6-24b 是一个单气控双输出的记忆回路。

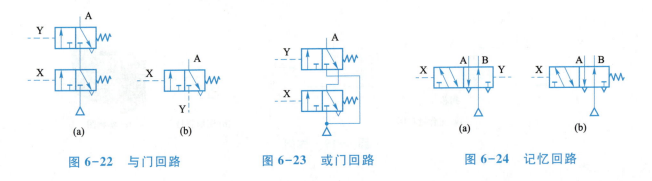

(a)　　　　(b)　　　　　　　　　　　　　　　(a)　　　　(b)

图 6-22　与门回路　　　图 6-23　或门回路　　　图 6-24　记忆回路

▌学以致用

（1）若将图 6-17a 所示回路更换成图 6-25 的连接方式，能否实现同样的功能要求？

〈回答提示〉列出输入输出真值表。

（2）若将图 6-17a 所示回路更换成图 6-26 的连接方式，能否实现同样功能？

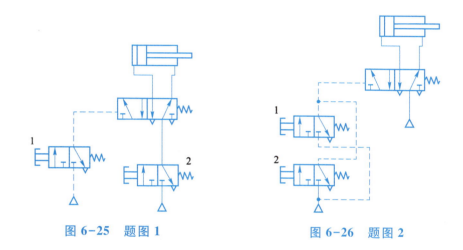

图 6-25　题图 1　　　　　　图 6-26　题图 2

〈回答提示〉列出输入输出真值表。

▌知识拓展

逻辑运算基本定律、定理和规则

（1）逻辑运算基本定律见表 6-4。

表 6-4　逻辑运算基本定律

定律	表达式
交换律	$A \cdot B = B \cdot A$
	$A + B = B + A$
结合律	$(A + B) + C = A + (B + C)$
	$(A \cdot B) \cdot C = A \cdot (B \cdot C)$
分配率	$A \cdot (B + C) = A \cdot B + A \cdot C$

（2）逻辑运算基本定理见表 6-5。

（3）逻辑运算基本运算规则见表 6-6。

表 6-5　逻辑运算基本定理

序号	定理	序号	定理
1	$A \cdot 0 = 0$	10	$A(A+B) = A$
2	$A+1 = 1$	11	$A+\overline{A}B = A+B$
3	$A \cdot 1 = A$	12	$A(\overline{A}+B) = AB$
4	$A+0 = A$	13	$AB+\overline{A}C+BC = AB+\overline{A}C$
5	$A \cdot A = A$	14	$(A+B)(\overline{A}+C)(B+C) = (A+B)(\overline{A}+C)$
6	$A+A = A$	15	$\overline{A \cdot B} = \overline{A}+\overline{B}$
7	$A \cdot \overline{A} = 0$	16	$\overline{A+B} = \overline{A} \cdot \overline{B}$
8	$A+\overline{A} = 1$	17	$\overline{\overline{A}} = A$
9	$A+AB = A$		

表 6-6　逻辑运算基本运算规则

规则	含义	举例
代入规则	在任一含有变量 A 的逻辑等式中,如果用另一个逻辑函数 F 去代替所有的变量 A,则等式仍然成立。	若 $A(B+C) = AB+AC$;$B = D+E$ 则 $A(D+E+C) = A(D+E)+AC$
对偶规则	对逻辑等式等号两边进行对偶变换,得到的新逻辑函数式仍然相等	若 $A+\overline{A}B = A+B$ 则 $A(\overline{A}+B) = AB$
反演规则	逻辑函数式 F 中,进行加乘互换,0 和 1 互换,原反互换,得到的新的逻辑式为 $\overline{F}$。先"与"后"或",先括号内,后括号外	若 $F1 = \overline{A}\ \overline{B}+CD$ 则 $\overline{F1} = (A+B) \cdot (\overline{C}+\overline{D})$

任务 6-3　单缸单(连续)往复气动回路装调 >>>

▌生活导入

　　俗话说"有始有终",气缸有伸出动作,就有返回动作。在任务 6-1 中,气缸的伸出与返回均是由手动操作完成,显然,这种动作方式效率不高。在工业生产中,多数情况要求气缸伸出后能够自动返回,有时还要求返回后再自动伸出,作连续往复运动。

　　为了能够让气缸自动往复,一般需要在气缸行程终点和起始位置设置位置检测元件,以检测伸出和返回动作是否完成,并通知下一个动作开始。

任务实践

实践课题:单气缸送料装置单(连续)往复气动回路装调

1. 任务描述

仍以前文所述送料装置为例,在气缸动作开始和结束位置增设了两个位置检测元件,如图 6-27 所示,用以检测气缸运行起点和终点位置。

图 6-28 所示为单气缸送料装置单往复控制方案,图 6-29 所示为单气缸送料装置连续往复控制方案,读懂气动回路及控制电路 PLC 梯形图,选择合适的气动元件、电气元件,运用 Automation Studio 软件仿真模拟,在气动实训工作台上完成单气缸送料装置单(连续)往复气动回路装调。

图 6-27　单气缸送料装置工作示意图

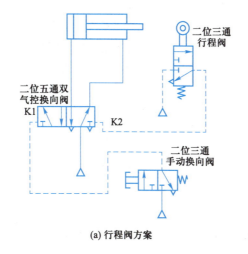

(a) 行程阀方案

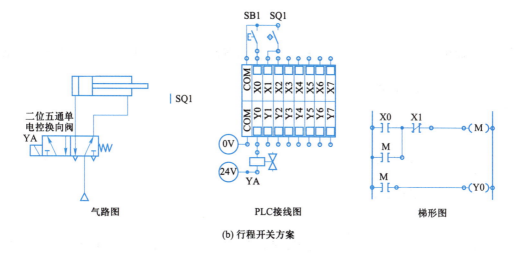

气路图　　　PLC接线图　　　梯形图

(b) 行程开关方案

图 6-28　单气缸送料装置单往复控制方案

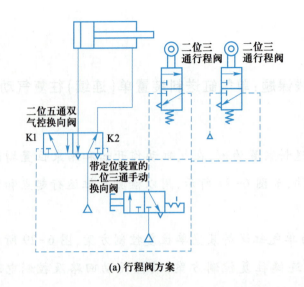

(a) 行程阀方案

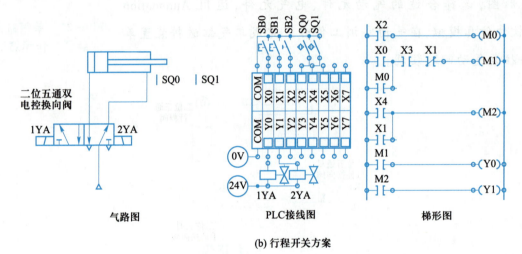

气路图   PLC接线图   梯形图

(b) 行程开关方案

图6-29 单气缸送料装置连续往复控制方案

（1）完成单气缸送料装置单往复控制方案，并回答下列问题。

1）观察气缸运动，填写表6-7。

表6-7 动 作 表

动作		K1	K2	YA	执行信号来源
行程阀方案	气缸前进				
	气缸返回				
行程开关方案	气缸前进				
	气缸返回				

2）对行程开关方案，接通气源后，前进按钮SB1按下前，如何保证气缸一定是在复位状态的。

3）对行程阀方案，若将弹簧复位的二位三通手动换向阀更换成带定位装置的手动换向阀,后果是_____。

4）对行程阀方案,若二位三通行程阀不能复位,后果是_____。

（2）完成单气缸送料装置连续往复控制方案,并回答下列问题。

1）填写表 6-8。

表 6-8 动 作 表

动作		K1	K2	1YA	2YA	执行信号来源
行程阀方案	气缸前进					
	气缸返回					
行程开关方案	气缸前进					
	气缸返回					

2）对行程阀方案,若将带定位装置的二位三通手动阀,更换成弹簧复位的手动阀,后果是_____。

3）对行程阀方案,若气缸处于中间位置,气缸复位方法是_____。

4）对行程开关方案,开关 SB2 的作用是_____。

5）对行程阀方案,启动后,若左侧二位三通行程阀不能复位,其后果是_____。

2. 实践规范

（1）元件安装方向、位置符合实训规范。

（2）管路、电路连接符合实训规范。

（3）气管、导线布置符合实训规范。

3. 过程分析

对于单气缸送料装置单往复控制方案:图 6-28a 所示是以二位三通行程阀作为位置检测元件;图 6-28b 所示是以接近开关 SQ1 作为位置检测元件,并以此信号作为气缸返回动作信号。

对于单气缸送料装置连续复控制方案:图 6-29a 所示是以右侧行程阀作为位置终点检测元件,左侧行程阀作为位置原点检测元件;图 6-28b 所示是以接近开关 SQ1 作为位置终点检测元件,SQ0 作为位置原点检测元件,并以终点检测元件发出的信号作为气缸返回动作信号,原点检测元件信号作为再次往复信号。

知识链接

1. 机械控制换向阀

机械控制换向阀是利用安装在工作台上的凸轮、撞块或其他机械外力来推动阀芯动作,实现换向的换向阀,也称为行程阀。行程阀常见的操控方式有顶杆式、滚轮式、单向滚轮式等,如图6-30所示。

顶杆式是利用机械外力直接推动阀杆的头部,以改变阀芯位置,实现换向的一种形式,如图6-29a所示。图6-29b所示为滚轮式,其头部安装有滚轮,可以减少阀杆所受的侧向力。图6-29c所示为单向滚轮式,它常用来排除回路中的障碍信号,其头部滚轮是可折回的,只有在撞块从正方向通过滚轮时才能压下阀杆发生换向,反向通过时,阀杆不动作,不发生换向。

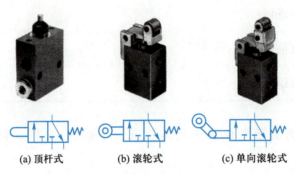

(a) 顶杆式   (b) 滚轮式   (c) 单向滚轮式

图6-30   行程阀常见的操控方式

2. 电磁控制换向阀

电磁控制换向阀由电磁铁控制部分和主阀部分组成。电磁控制换向阀按控制方式不同分为直动式电磁换向阀和先导式电磁换向阀两种。

图6-31所示为直动式单电控电磁换向阀,图6-31a所示为YA失电状态,图6-31b所示为YA得电状态。从图中可知,这种电磁阀阀芯移动的动力来源是电磁铁产生的电磁力,而复位靠弹簧力,因而换向冲击较大,一般只制成小型的阀。图6-31c、d所示为该电磁阀的图形符号和实物图。

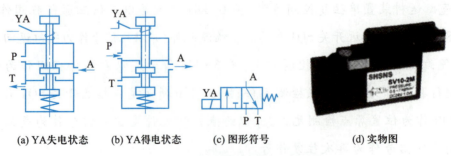

(a) YA失电状态   (b) YA得电状态   (c) 图形符号   (d) 实物图

图6-31   直动式单电控电磁换向阀

图6-32所示为直动式双电控电磁换向阀,图6-32a所示为电磁铁1YA得电,2YA失电时的状态,图6-32b所示为电磁铁2YA得电,1YA失电时的状态。特别注意,这种阀的两个电磁铁不能同时通电,否则会产生误动作。图6-32c所示为其图形符号。

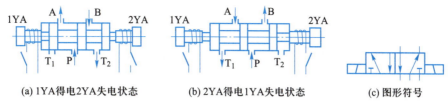

(a) 1YA得电2YA失电状态　　(b) 2YA得电1YA失电状态　　(c) 图形符号

图 6-32　直动式双电控电磁换向阀

图 6-33 所示为先导式双电控电磁换向阀。当电磁先导阀 1YA 通电(先导阀 2YA 必须断电),主阀的 k_1 腔进气,k_2 腔排气,主阀芯 3 右移,P 与 A、B 与 T_2 接通,如图 6-33a 所示;反之,k_2 腔进气,k_1 腔排气,主阀芯左移,P 与 B、A 与 T_1 接通,如图 6-33b 所示。图 6-33c 所示为其图形符号,图 6-33d 所示为其实物图。

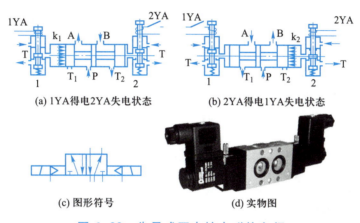

(a) 1YA得电2YA失电状态　　(b) 2YA得电1YA失电状态

(c) 图形符号　　　　　(d) 实物图

图 6-33　先导式双电控电磁换向阀

图 6-34 所示为先导式三位五通双电控换向阀不同中位机能的图形符号。与液压换向阀中位机能一样,气动换向阀不同中位形式影响气缸工作状态,在实际应用时应视气动系统要求不同进行选择。

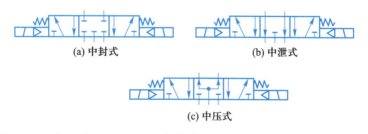

(a) 中封式　　　　　(b) 中泄式

(c) 中压式

图 6-34　先导式三位五通双电控换向阀不同中位机能的图形符号

3. 接近开关

接近开关是行程开关的另一种形式,主要类型有电感式、电容式、光电式和电磁式等。在上述几种接近开关中,电磁式接近开关是气动系统所特有的,它是利用安装在气缸活塞上永久磁环对应直接安装在缸筒上的电磁式开关来检测气缸活塞的位置。

它省去了安装其他类型传感器所必需的支架连接件,节省了空间,安装调试也简单多了。

如图 6-35 所示,当气缸移动的磁环靠近电磁式接近开关时,舌簧开关的两根簧片被磁化而触点闭合,产生电信号;当磁环离开磁性开关后,簧片失磁,触点断开。

在安装电磁式接近开关时,应注意以下事项:

(1) 在无屏蔽的情况下,电磁式接近开关和最近的气缸磁场之间的距离至少应为 60 mm。

(2) 不能置于有强磁场的地方(如电焊机),以避免电磁场干扰。

(3) 由于开关存在迟滞距离,因此,在安装时,可借助开关上的指示灯,使气缸在空载状态下移动活塞杆位置,反复数次,直到确定开关的位置为止。

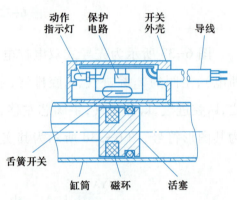

图 6-35　电磁式接近开关工作原理

(4) 为适应不同气缸的结构和安装方式,应选择与之相适应的接近开关。

电磁式接近开关及其在气缸上安装方式如图 6-36 所示。

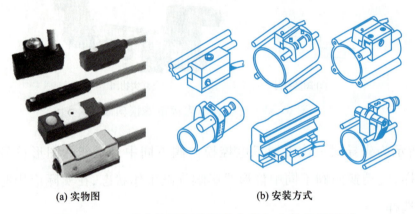

(a) 实物图　　　　　　(b) 安装方式

图 6-36　电磁式接近开关及其在气缸上的安装形式

▍学以致用

(1) 图 6-28b 所示方案中,气缸运行至终点后,不执行返回动作,试分析其原因。

〈回答提示〉从气路连接、电路连接,以及元件本身分析。

(2) 若将图 6-29b 所示方案中的二位五通双电控换向阀更换成单电控换向阀,如图 6-37 所示,如何更改控制电路?

〈回答提示〉与双电控换向阀相比,单电控换向阀电磁铁失电后阀芯能自动复位,不具有断电后

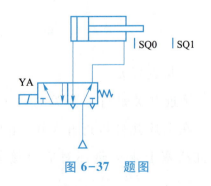

图 6-37　题图

"记忆"功能。

> **学习提示**
>
> 　　电磁换向阀主要故障现象:① 交流电磁铁有噪声。主要原因有润滑不良;粉尘进入铁芯的滑动部分;短路环损坏;电源电压低;外部导线拉得太紧等。② 断电后,活动铁心不能返回。主要原因有粉尘进入活动铁心滑动部分等。③ 线圈烧坏。主要原因有环境温度高;粉尘夹在阀和铁心之间,不能吸引活动铁心;线圈上存在残余电压等。

▌知识拓展

梯形图编程简介

　　梯形图是可编程序控制器(图 6-38)常用编程方法之一。

　　梯形图是由一些触点、编程元件线圈、垂直的左右母线(或只有左母线)和其他一些连接线组成的,如图 6-39 所示。采用梯形图编程时,PLC 程序中的"与""或"逻辑运算利用触点的串联、并联表示;"非"逻辑运算利用动断触点表示;逻辑运算结果利用"线圈"的形式输出,其程序与继电器控制电路十分相似。

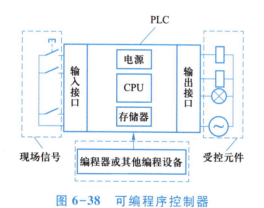

图 6-38　可编程序控制器　　　　图 6-39　梯形图的组成

　　梯形图中所使用的输入、输出和内部继电器等编程元件的"动合""动断"触点,其本质是 PLC 内部某一存储器的数据"位"的状态。因此,梯形图中的触点可以在程序中无限次使用,它不像物理继电器那样,受到实际安装触点数量的限制。同样的原因,梯形图中,输出"线圈"也可以在程序中进行多次赋值。此外,梯形图中的"连线"仅代表指令在 PLC 中的处理顺序关系(从上至下、从左至右),它不像继电器控制线路那样存在实际电流。

　　梯形图程序的最大特点是程序形象、直观,即使是对于不同厂家生产的 PLC,其形式仍十分类似,使用者阅读与理解容易。表 6-9 为 FX 系列 PLC 基本顺控指令及梯形图。

表 6-9　FX 系列 PLC 基本顺控指令及梯形图

指令	梯形图	操作数	功能说明
取指令 LD	X ─┤├─	X,Y,M,S,T,C	动合触点逻辑运算开始
取反指令 LDI	X ─┤/├─	X,Y,M,S,T,C	动断触点逻辑运算开始
线圈输出指令 OUT	─(Y)─	Y,M,S,T,C	线圈输出
与指令 AND	X_1　X_2 ─┤├─┤├─	X,Y,M,S,T,C	动合触点串联
或指令 OR	X_1 ┤├ X_2 ┤├	X,Y,M,S,T,C	动合触点并联
与非指令 ANI	X_1　X_2 ─┤├─┤/├─	X,Y,M,S,T,C	动断触点串联连接
或非指令 ORI	X_1 ┤├ X_2 ┤/├	X,Y,M,S,T,C	动断触点并联连接
置位指令 SET	X ─┤├─[SET M0]		线圈接通保持
复位指令 RST	X ─┤├─[RST M0]		线圈接通保持清除
NOP 空操作	消除流程程序		无动作
END 结束	顺序控制 结束回到"0"		PLC 程序结束

注:X 表示输入接口寄存器;Y 表示输出接口寄存器;M 表示辅助寄存器;S 表示状态寄存器;T 表示延时器;C 表示计数器。

任务 6-4　气动速度与时间控制回路装调 >>>

▌生活导入

同液压传动一样,在气压系统中,气动执行元件动作的速度都应是可调的,如工件或刀具的夹紧、物料的提升和放下、不同材质工件的冲压加工,它们对工作部件运行速度有一定要求。由于气体的可压缩性,气压传动工作部件运行速度的稳定性比液压传动要差很多。影响气动执行元件运行速度的因素很多,除了流量外,还与工作压力、气缸直径、气管尺寸(直径和长度)等有关。一般情况下,气动执行元件运行速度使用节流阀调节进入气缸的压缩空气的流量来控制。

对气动时间控制,一是采用电气控制方式,用时间继电器可以很方便地实现;二是采用气动控制方式,需要用专门的延时阀来实现。

▌任务实践

实践课题:速度和时间控制回路装调

1. 任务描述 1

仍以前文所述送料装置为例,送料时,气缸作慢速推进,送料结束后,接近开关动作,通知气缸快速返回,以实现对气缸的速度控制。

图 6-40 所示为送料装置速度控制方案,读懂气动回路图及电气控制图,选择合适的气动元件、电气元件,运用 Automation Studio 软件仿真模拟,在气动实训工作台上完成送料装置速度控制气动回路调试,并回答下列问题。

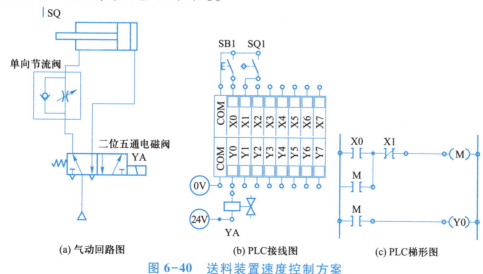

(a) 气动回路图　　　　(b) PLC接线图　　　　(c) PLC梯形图

图 6-40　送料装置速度控制方案

（1）观察气缸运动,填写表6-10。

表6-10　任　务　表

动作	YA	执行信号来源	气缸回气路线
气缸慢速前进			
气缸快速返回			

（2）运行速度比较,填写表6-11。

表6-11　任　务　表

动作	节流阀完全关闭	节流口减小
气缸慢速前进		
气缸快速返回		

注:填写"不变""增大""减小"。

（3）该气动回路速度控制方式是_____。

（4）若将单向节流阀更换成排气节流阀,装接方法是_____。

（5）调换单向节流阀进出口,回路运行结果是_____。

2. 任务描述2

在压模加工时,由气缸驱动,带动模具作慢速推进动作,并进行压制加工,为保证压制效果,应在压制10 s后,气缸活塞才作返回快速运动。压模机结构如图6-41所示。

图6-42所示为压模机的速度和时间控制方案,读懂气动回路图,选择合适的气动元件,运用Automation Studio软件仿真模拟,在气动实训工作台上完成压模机的速度和时间控制气动回路装调,并回答下列问题。

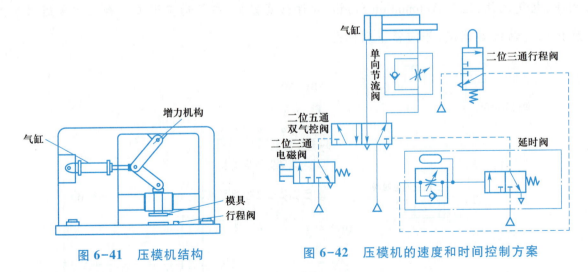

图6-41　压模机结构

图6-42　压模机的速度和时间控制方案

（1）观察气缸运动,填写表6-12。

表6-12　任　务　表

动作	YA	执行信号来源
气缸慢速前进		
气缸停留		
气缸快速返回		

（2）气缸停留时间与_____有关。

（3）该气动回路速度控制方式是_____。

（4）若气缸返回速度也可调，增加的单向节流阀装接方式是_____。

（5）若换向阀改成延时断开型，装接方法是_____。

（6）若手动二位三通换向阀按下后不能复位，其后果是_____。

3. 实践规范

（1）元件安装方向、位置符合实训规范。

（2）管路、电路连接符合实训规范。

（3）气管、导线布置符合实训规范。

4. 过程分析

任务1：当电磁铁YA得电后，气体经过单向节流阀中的节流阀，实现节流控制，从而控制气缸推进速度；推进行程结束后，行程开关SQ动作，通知电磁铁YA失电，气体经过单向节流阀中的单向阀进入气缸的有杆腔，气缸无杆腔的气体经过快速排气阀，直接排到大气中，实现快速排气。

任务2：回路采用二位五通双气控阀实现气缸换向，单向节流阀控制推进速度，延时阀控制压模时间，二位三通行程阀动作通知延时阀延时，延时结束后自动换向。

知识链接

1. 气动流量控制阀

气动流量控制阀与液压流量控制阀类似，主要有节流阀、单向节流阀和排气节流阀等，但没有气动调速阀。

（1）节流阀。节流阀的作用通过改变阀的通流面积来调节流量的大小。图6-43所示为节流阀。气体由输入口P进入阀内，经阀座与阀芯间的节流通道从输出口A流出，通过调节螺杆可使阀芯上下移动，改变节流口通流面积，实现流量的调节。

（2）单向节流阀。单向节流阀是由单向阀和节流阀并联组合而成的组合式控制阀。图6-44a所示为单向节流阀的工作原理，当气流由P至A正向流动时，单向阀在弹簧和气压作用下处于关闭状态，气流经节流阀节流后流出；当气流由A至P反向流动时，单向阀打开，不起节流作用。单向节流阀的图形符号和实物图如图6-44b、c所示。

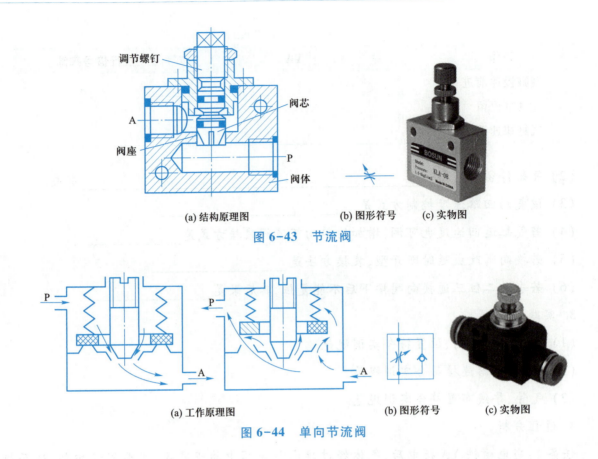

(a) 结构原理图　　　(b) 图形符号　　(c) 实物图

图 6-43　节 流 阀

(a) 工作原理图　　　(b) 图形符号　　(c) 实物图

图 6-44　单向节流阀

（3）排气节流阀。排气节流阀与节流阀一样,也是靠调节通流面积来调节阀的流量的。必须指出：排气节流阀必须装在执行元件的排气口处。它不仅能调节执行元件的运动速度,还因为它常带有消声器件,也起降低排气噪声的作用。

图 6-45a 所示为排气节流阀的工作原理图,气流从 A 口进入阀内,由节流口节流后经由消声材料制成的消声套排出。由于其结构简单、安装方便、能简化回路,故应用日益广泛。图 6-45b、c 所示为排气节流阀的图形符号和实物图。

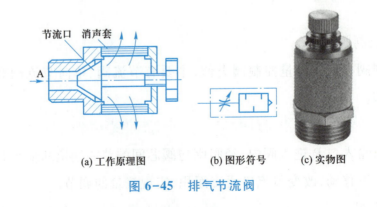

(a) 工作原理图　　(b) 图形符号　(c) 实物图

图 6-45　排气节流阀

2. 延时换向阀

延时换向阀是气动系统中的一种时间控制元件,它利用节流阀和气室来调节换向阀气控口充气压力的变化速率来实现延时。如图 6-46a 所示,当信号输入口 K 有气压信号输入时,气室的压力上升。由于节流阀的存在,气室的压力上升速度较慢,达到单侧气控换向阀的动作压力需要一定时间。到达给定压力值后,换向阀换向,换向阀的输出口 A 与进气口 P 接通产生输出,这样从 K 口有信号输入,到 A 口有信号输出需要一定的时间间隔。通过调节节流阀的开度,调节压力上升的速度,达到调节延时时间的效果。这种当有控制信号后,延时一段时间换向阀进出气口才接通的延时阀,称为延时断开型延时阀。若改变换向阀的常态位置,则延时阀称为延时接通型延时阀。延时阀实物图和图形符号如图 6-46b、c、d 所示。

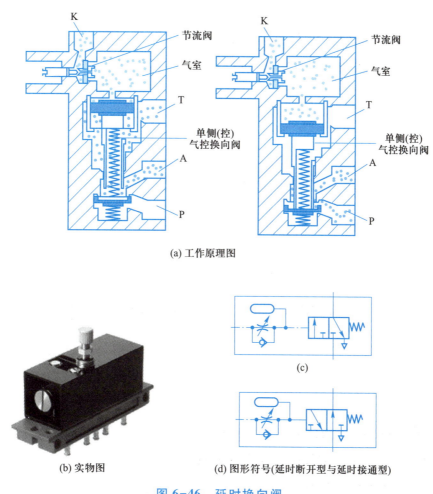

(a) 工作原理图

(b) 实物图　(c)　(d) 图形符号(延时断开型与延时接通型)

图 6-46　延时换向阀

3. 进气节流速度控制和排气节流速度控制

根据单向节流阀在回路中的连接方式不同,气动系统的速度控制方式有进气节流速度控制和排气节流速度控制两种。

图 6-47a 所示为进气节流速度控制回路,气体经节流阀调节后进入气缸,推动活塞运动,气缸排出的气体不经过节流阀,经单向阀排出。当节流阀开度比较小时,由于进入气缸的气体流量小,压力上升缓慢,当气压达到能克服负载时,活塞前进,进入气缸气压下降,作用在活塞上的力小于负载,活塞停止前进。这种由于负载及供气的原因使活塞忽走忽停的

现象称为气缸"爬行"。进气节流速度控制回路的主要不足有：

（1）当负载方向与活塞运动方向相反时，活塞运动易出现不平稳现象，即"爬行"。

（2）当负载方向与活塞运动方向一致时，由于排气经过换向阀排出，几乎没有阻尼，负载易产生"跑空"现象，使气缸失去控制。

图 6-47b 所示为排气节流速度控制回路，压缩空气经单向阀直接进入气缸，推动活塞运动，气缸排出的气体经节流阀节流后才能排出。与进气节流相比，排气节流因活塞是在左右两腔压差作用下运动的，减少了"爬行"发生的可能性。排气节流速度控制回路的主要特点是：

（1）气缸速度随负载变化较小，运动平稳。

（2）能承受与活塞运动方向相同的负载。

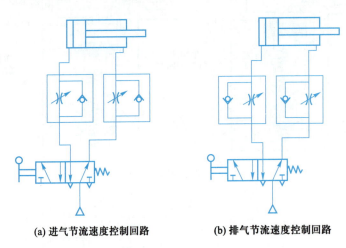

(a) 进气节流速度控制回路　　(b) 排气节流速度控制回路

图 6-47　速度控制回路

▌学以致用

（1）分析图 6-48 所示气缸速度控制方式。

（2）对于任务 1，如何改进气路可避免气缸爬行？

〈回答提示〉从产生爬行的原因入手。

（3）对于任务 2，若无延时或延时不明显，可能的原因是什么？

〈回答提示〉从元件入手。

（4）对于任务 2，若采用时间继电器延时方案，且将行程阀和手动换向阀更换为电磁换向阀，气动回路如何连接？控制电路如何连接？

〈回答提示〉参见任务 4-3。

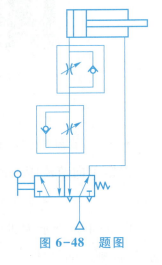

图 6-48　题图

■知识拓展

速度控制回路

1. 采用气液阻尼缸速度控制回路

由于空气的可压缩性,气缸的运动速度很难平稳,尤其是在负载变化时,速度波动更大。为此,人们利用气动与液动各自优点实现气液联合速度控制,即以气压作为运动动力,利用液体的不可压缩性,调节油路中的节流阀来稳定控制运动速度。

图 6-49 所示为气液阻尼缸速度控制回路,它是用气缸传递动力,由液压缸阻尼稳速,并由节流调速回路进行调速。当电磁换向阀通电后,气液阻尼缸快进。当活塞运动到一定位置,其撞块压住行程阀,油液经单向节流阀中的节流阀,则气液阻尼缸慢进。当电磁换向阀断电,则气液阻尼缸快退。这种回路具有调速精度高,运动速度平稳的特点,在金属切削机床中使用广泛。图 6-50 所示为气液阻尼缸实物图。

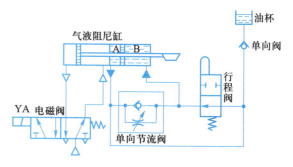

图 6-49 气液阻尼缸速度控制回路

2. 采用气液转换器的速度控制回路

图 6-51 所示为采用气液转换器的速度控制回路。它利用气液转换器将气压变成液压,利用液压油驱动液压缸,从而得到平稳易控制的活塞运动速度,调节单向节流阀的开度,就可以改变活塞的运动速度。这种回路结合了气动供气方便和液压速度容易控制的优点。必须指出的是:气液转换器中,储油量应不少于液压缸有效容积的 1.5 倍,同时需注意气液间的密封,以避免气体混入油中。

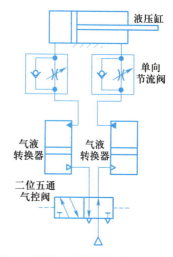

图 6-50 气液阻尼缸实物图   图 6-51 采用气液转换器的速度控制回路

任务 6-5　气动压力控制回路装调 >>>

▍生活导入

在气压传动系统中,压力控制主要是指控制和调节气动系统中压缩空气的压力,以满足系统对压力的要求。它不仅是维系系统正常工作所必需的,同时也关系到系统的安全性、可靠性,以及执行元件动作能否正常工作。这里的压力控制与调节由气源调节装置中的减压阀来完成,详见任务 5-1。

本任务主要讨论利用气动系统压力的变化作为控制信号,控制气动阀动作,改变气路工作状态。例如,在学习气源装置时,为了限制储气罐内压缩空气的最高压力,在其上安装安全阀(溢流阀),当储气罐中压缩空气的压力达到允许值时,安全阀打开溢流。

生活中利用气体的压力作为控制信号的例子比较多,如电水壶,当水煮沸后,产生蒸汽压力达到一定值时,将通知电路断开,停止加热,如图 6-52 所示。

蒸汽开关

图 6-52　电水壶及其蒸汽开关

▍任务实践

实践课题:压印机的压力控制回路装调

1. 任务描述

压印机常用于对塑料等材料进行压印加工,如图 6-53 所示。按下起动按钮后,气缸活塞伸出,当活塞完全伸出时,开始对工件进行压印。为达到压印效果,当压印压力升到一定值时,如4 bar,说明压印动作完成,气缸活塞可以作返回运动。压印压力可根据工件材料的不同进行调整。

图 6-54a、b 所示分别为压力顺序阀和压力继电器控制方案。读懂气动回路和控制电路(其中利用压力顺序阀控制电路同任务 6-3 中单往复运动控制电路相同),选

择合适的气动元件和电气元件,运用 Automation Studio 软件仿真模拟,在气动实训工作台上完成压印机压力控制回路的装调。

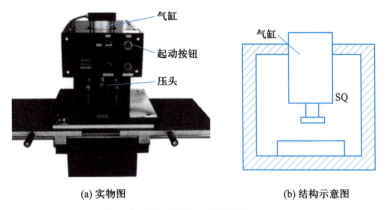

(a) 实物图　　　　　　　　　　　(b) 结构示意图

图 6-53　压印机

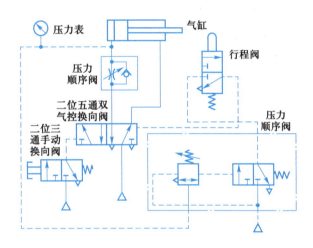

(a) 压力顺序阀控制方案

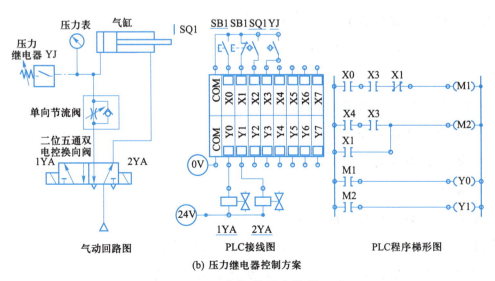

气动回路图　　　　　PLC接线图　　　　　PLC程序梯形图

(b) 压力继电器控制方案

图 6-54　压印机的压力控制回路

（1）分析利用压力顺序阀的控制方案，回答下列问题。

1）观察气缸运动，填写表6-13。

表6-13　任　务　表

动作	手动阀	行程阀	执行信号来源
气缸慢速前进			
气缸加压			
气缸快速返回			

2）气缸加压大小与＿＿＿＿＿＿＿＿＿＿＿＿＿＿＿＿＿＿有关。

3）压力顺序阀中的顺序阀全称是＿＿＿＿＿＿，其阀口启闭与＿＿＿压力有关。

4）若压力顺序阀调压弹簧太松，后果是＿＿＿＿＿＿＿＿＿＿＿＿。

（2）分析利用压力继电器的控制方案，回答下列问题。

1）观察气缸运动，填写表6-14。

表6-14　任　务　表

动作	1YA	2YA	执行信号来源
气缸慢速前进			
气缸加压			
气缸快速返回			

2）气缸加压大小与＿＿＿＿＿＿＿＿＿＿＿＿＿＿＿＿＿＿有关。

3）压力继电器有效调压范围与＿＿＿＿＿＿＿＿＿＿＿＿＿＿＿＿有关。

4）若压力继电器得压后不动作，其后果是＿＿＿＿＿＿＿＿＿＿。

（3）比较这两种方案的应用特点。

2. 实践规范

（1）元件安装方向、位置符合规范。

（2）气路、电路连接符合规范。

（3）气管、导线布置符合规范。

3. 过程分析

对于利用压力顺序阀的压力控制回路：当按下二位三通手动换向阀后，二位三通双气控换向阀换向，气缸做进气节流伸出动作，伸出至终点，并压下行程阀，为返回做准备。这时气缸进气腔（无杆腔）压力开始上升，当达到压力顺序阀中顺序阀的动作压力时，顺序阀打开，压力顺序阀中的换向阀换向，致使二位三通双气控换向阀换向，气缸作返回动作。

对于利用压力继电器的压力控制回路：当按下起动按钮SB1后，1YA得电，二位五通双电控换向阀换向,气缸做进气节流伸出动作,伸出至终点,并压下行程开关 SQ1,为返回作准备。这时气缸进气腔(无杆腔)压力开始上升,当达到压力继电器动作压力时,压力开关动合触点 YJ 合上,2YA 得电,致使二位五通双电控换向阀换向,气缸作返回动作。

知识链接

1. 顺序阀及压力顺序阀

在气压系统中调节和控制压力大小的控制元件称为压力控制阀,它主要包括减压阀、安全阀、顺序阀等。其中减压阀和安全阀在前文中已经介绍。

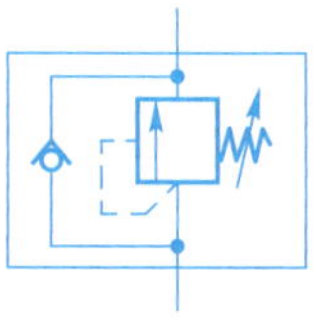

气动顺序阀与气动安全阀(溢流阀)工作原理类似,它利用气体压力的变化控制阀芯启闭。同液压顺序阀一样,气动顺序阀也可以与单向阀结合使用,称为单向顺序阀,图 6-55 所示为单向顺序阀图形符号。

图 6-55　单向顺序阀图形符号

不仅如此,气动顺序阀也可与气压控制换向阀组合,由气体压力控制顺序阀启闭,再控制换向阀换向,这种组合阀称为压力顺序阀。如图 6-56 所示,该压力顺序阀由单气控二位三通换向阀和外控顺序阀两部分组成,当控制口 X 压力未达到设定值时(设定值由压力控制调节旋钮改变顺序阀弹簧的压缩量调定),如图 6-56a 所示,顺序阀不动作,换向阀也不动作。当控制口 X 压力达到设定值时,如

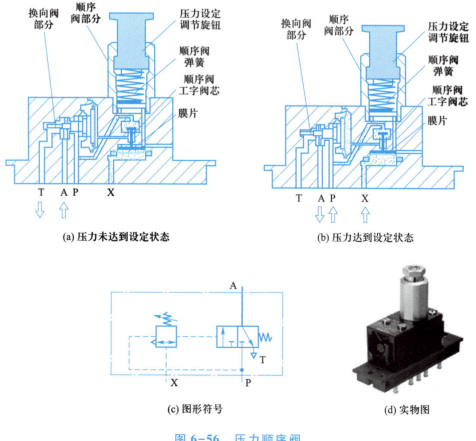

(a) 压力未达到设定状态　　　(b) 压力达到设定状态

(c) 图形符号　　　(d) 实物图

图 6-56　压力顺序阀

图 6-57b 所示,顺序阀中的工字阀芯抬起,顺序阀打开,进气口 P 的压缩空气就能进入换向阀阀芯右侧的气控口,换向阀换向,压缩空气进入 A 口。利用压力顺序阀的这种特性可实现由压力大小控制的顺序动作。图 6-56c、d 所示分别为压力顺序阀的图形符号和实物图。

2. 压力继电器

当采用电气控制时,要实现气动执行元件在压力控制下的顺序动作,需要有能将压力信号转换为电气信号的控制元件。利用气压信号来接通或断开电路的装置称为压力继电器。压力继电器的输入信号是气压信号,输出信号是电信号。如图 6-57a 所示,当输入气压达到设定值时(通过调节弹簧压缩量),顶杆顶起,微动开关动作,发出接通或断开电信号;输入压力低于设定值时,压力开关复位,电气开关发出断开或接通信号。图 6-57b、c 所示分别为压力继电器图形符号和实物图。

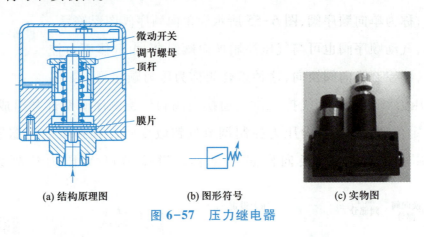

(a) 结构原理图　　　(b) 图形符号　　　(c) 实物图

图 6-57　压力继电器

标签:微动开关　调节螺母　顶杆　膜片

■ 学以致用

(1) 两种方案执行时,若压印不明显,可能的原因是什么?

〈回答提示〉从压力大小分析。

(2) 两种方案执行时,气缸运行至终点后,不执行返回动作,可能的原因是什么?

〈回答提示〉从元件压力调整是否合适,以及控制电路去分析。

■ 知识拓展

气动过载保护回路

过载保护回路、互锁保护回路、双手操作保护回路是常见的气动保护回路,它们利用系统压力的变化实现对系统的保护。如图 6-58 所示,在正常工作情况下,按下手动阀,主控换向阀切换,气缸活塞杆右行;当活塞杆上挡铁碰到行程阀时,控制气体经梭阀到达主控换向阀右侧,主控换向阀切换,气缸返回。若气缸活塞伸出时遇到故障,造成负载过大,气缸无杆腔压力升高,当压力达到顺序阀设定压力时,顺序阀开启,气体经梭阀到达主控换向阀右侧,主控换向阀切换,气缸活塞杆缩回,实现过载保护。

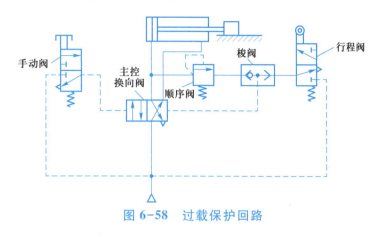

图 6-58   过载保护回路

任务 6-6   气动多缸程序动作回路装调 >>>

▌生活导入

在气压传动系统中,为完成多个动作,对多个气缸的控制并不鲜见,例如图 6-59 所示的多缸气动夹具和注塑机气动取料装置。

(a) 多夹持点气动夹具   (b) 注塑机气动取料装置

图 6-59   多气缸动作实例

▌任务实践

实践课题:程序动作回路装调

1. 任务描述 1

图 6-60 所示为双气缸送料装置示意图,它是在单气缸 A 送料装置的基础上增设一个送料气缸 B。在气缸 A、B 两端装有接近开关或行程阀,用以检测气缸运行到位情况。当气缸

伸出至终点或复位至原位时将触发接近开关或行程阀动作,并以此信号控制气缸下一步动作。该送料装置动作要求(顺序)是 A 缸伸出(A1)- B 缸伸出(B1)- A 缸返回(A0)- B 缸返回(B0)。

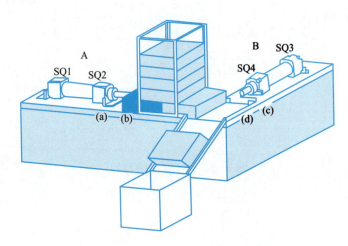

图 6-60　双气缸送料装置示意图

图 6-61a 所示为行程阀全气动程序动作控制方案,图 6-61b 所示为行程开关电气联合程序动作控制方案,读懂气动回路和控制电路,选择合适的气动元件、电气元件,运用 Automation Studio 软件仿真模拟,在气动实训工作台上完成双气缸送料装置程序动作控制回路装调。

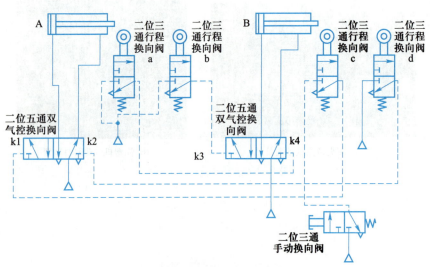

(a)行程阀全气动程序动作控制方案

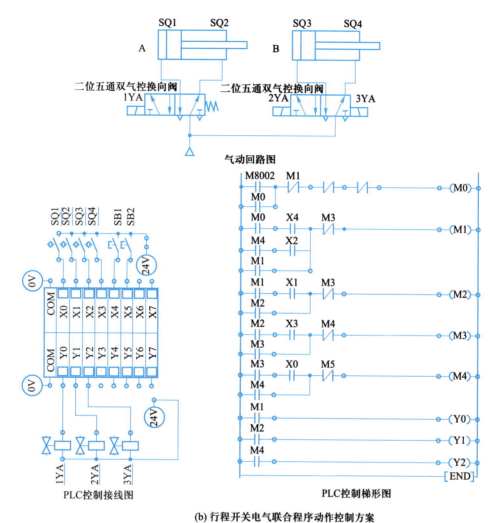

气动回路图

PLC控制接线图

PLC控制梯形图

(b) 行程开关电气联合程序动作控制方案

图 6-61　双气缸送料装置程序动作控制

（1）分析行程阀全气动程序动作控制方案，回答下列问题。

1）根据图 6-61a 装调回路并起动运行后，记录各动作阶段换向阀工作状态以及动作执行信号，完成表 6-15。

表 6-15　任　务　单

动作	k1	k2	k3	k4	1YA	2YA	3YA	执行信号来源
A1（A 伸出）								
B1（B 伸出）								
A0（A 复位）								
B0（B 复位）								

注：1. 回路起动前气缸处于原位状态。

　　2. 行程阀按下用"1"表示，原位状态用"0"表示。

2）在图 6-62 上绘制气缸位移—时间图及控制元件信号状态图。

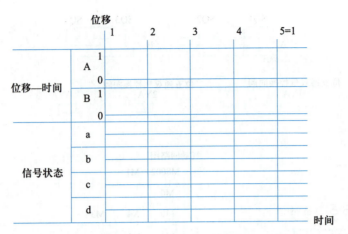

图 6-62　气缸位移—时间图及控制信号状态图

3）对于图 6-28a，起动按钮（手动阀）每按压一次回路执行一个周期循环，若需要实现连续循环，你有何办法？

（2）分析行程开关电气联合程序动作控制方案，回答下列问题。

1）回路起动运行后，指出各动作阶段换向阀工作状态以及动作执行信号，完成表 6-16。

表 6-16　任　务　单

动作	1YA	2YA	3YA	4YA	执行信号来源
A1（A 伸出）					
B1（B 伸出）					
A0（A 复位）					
B0（B 复位）					

2）在图 6-63 上绘制气缸位移—时间图及控制信号状态图。

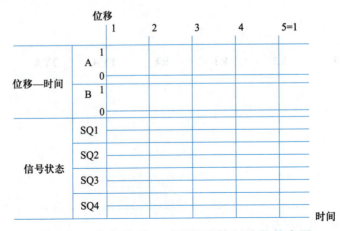

图 6-63　气缸位移—时间图及控制信号状态图

（3）从适用场合和控制灵活性两方面比较两种控制方案。

2. 任务描述 2

图 6-64 所示为气动打孔机示意图。该打孔机有夹紧气缸、推料气缸和钻孔气缸各一只，其工作过程是：夹紧气缸 A 将工件从料斗中推出并夹紧（A1）——钻孔气缸 B 带动钻头做进给运动（B1）——钻孔完毕后 B 带动钻头返回（B0）——夹紧气缸 A 松开工件，并返回至原位（A0）——推料气缸 C 将加工后的工件推至工件框中（C1）——推料气缸 C 返回至原位，至此完成一个工件的加工（C0）。重复上述动作程序，即可完成第二件工件加工，如此循环。

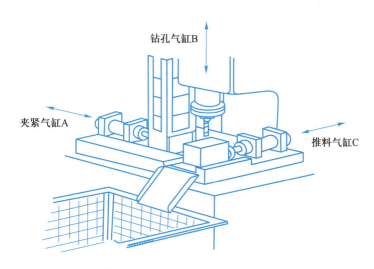

图 6-64　气动打孔机示意图

图 6-65a 所示为气动打孔机气动回路图，图 6-65b 所示为气动打孔机 PLC 控制接线图，图 6-65c 所示为气动打孔机 PLC 控制梯形图。读懂气动回路和控制电路，选择合适的气动元件、电气元件，运用 Automation Studio 软件仿真模拟，在气动实训工作台上完成三气缸气动打孔机顺序动作回路的装调，并回答下列问题。

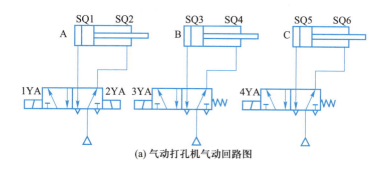

(a) 气动打孔机气动回路图

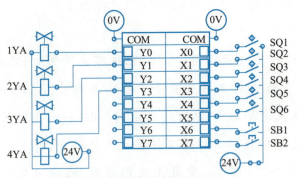

(b) 气动打孔机PLC控制接线图

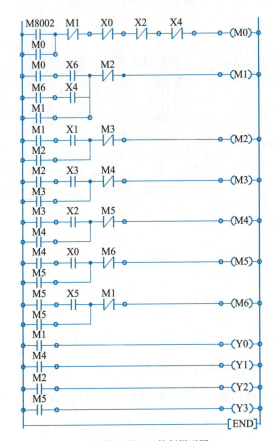

(c) 气动打孔机PLC控制梯形图

图 6-65　气动打孔机程序动作控制

（1）回路起动运行后，指出各动作阶段换向阀工作状态以及动作执行信号，完成表 6-17。

表 6-17　任　务　单

动作	1YA	2YA	3YA	4YA	执行信号来源
夹紧气缸 A 夹紧（A1）					
钻孔气缸 B 进给（B1）					
钻孔气缸 B 返回（B0）					
夹紧气缸 A 松开（A1）					

续表

动作	1YA	2YA	3YA	4YA	执行信号来源
推料气缸 C 推料（C1）					
推料气缸 C 返回（C2）					

（2）若将控制 A 缸换向的双电控电磁阀换成单电控电磁阀，PLC 控制梯形图应如何修改？

（3）若将控制 B 缸换向的单电控电磁阀换成双电控电磁阀，PLC 控制梯形图应如何修改？

（4）SB2 为暂停复位按钮，如何修改梯形图程序可满足暂停复位要求。

3. 实践规范

（1）元件安装方向、位置符合规范。

（2）管路、线路连接符合规范。

（3）气管、导线布置符合规范。

4. 过程分析

（1）对于任务 1。图 6-61a 所示方案选择了 4 个行程阀作为位置检测元件；图 6-61b 所示方案选择 4 个接近开关作为位置检测元件。对于前者，行程阀 b、d 是气缸返回信号发生元件；对于后者，接近开关 SQ2、SQ4 是气缸返回信号发生元件。当撞块压下行程阀 b、d 或活塞运动到接近开关 SQ2、SQ4 时，发出信号通知气缸作返回运动。

（2）对于任务 2。该气动回路共有三只气缸，三只气缸分别由 3 个二位五通电磁阀控制。每只气缸上装有两只行程开关，作为气缸在前进或后退动作结束后的信号发生元件。由此可见，信号输入元件是行程开关 SQ1～SQ6，驱动元件是 1YA、2YA、3YA 和 4YA。为配合控制，控制电路还增设了起动按钮 SB1 和停止按钮 SB2。程序动作转换通过编制 PLC 程序实现。

知识链接

1. 气动程序控制回路

各种自动化机械或自动生产线大多是依靠程序控制来工作的。所谓程序控制，就是根据生产过程的要求，使被控制的执行元件按预先规定的顺序协调动作的一种自动控制方式。根据控制方式的不同，程序控制可分为：时间程序控制、行程程序控制和混合程序控制。

时间程序控制是各执行元件的动作顺序按时间顺序进行的一种自动控制方式。时间信号通过控制线路，按一定的时间间隔分配给相应的执行元件，令其产生有顺序的动作，它是一种开环的控制系统。图 6-66 所示为时间程序控制。

图 6-66   时间程序控制

行程程序控制一般是一个闭环程序控制系统,如图 6-67 所示。它是前一个执行元件动作完成并发出信号后,才允许下一个动作进行的一种自动控制方式。行程程序控制系统包括行程发信装置、执行元件、程序控制回路和动力源等部分。行程程序控制的优点是结构简单、维护容易、动作稳定,特别是当程序运行中某节拍出现故障时,整个程序动作就停止而实现自动保护。因此,行程程序控制方式在气动系统中被广泛采用。

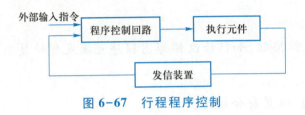

图 6-67   行程程序控制

混合程序控制通常是在行程程序控制系统中包含了一些时间信号,实质上是把时间信号看作行程信号处理的一种行程程序控制。

2. 气缸位移—时间图与控制信号状态图

气缸位移—时间图用于描述控制系统中执行元件的状态随控制时间的变化规律。如图 6-68 所示,横坐标表示动作时间,纵坐标表示位移(气缸的动作),它表示 A、B 两个气缸的动作顺序为:A 缸前进—B 缸前进—B 缸返回—A 缸返回。

控制信号状态图是用来表示信号元件及控制元件在各步骤中的接转状态,接转时间不计。如图 6-69 所示,它表示信号元件 a 在第 1 个动作结束时发出信号(或第 2 个动作开始时发出信号),并保持到第 3 个动作结束。

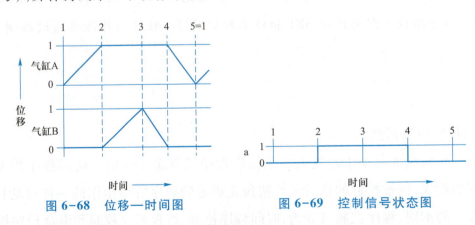

图 6-68   位移—时间图   图 6-69   控制信号状态图

在实际运用时常把位移—时间图与控制信号状态图结合使用,如图 6-70 所示。它表示 A、B 两只气缸执行 A1—B1—B0—A0(A 缸前进—B 缸前进—B 缸返回—A 缸返回)动作顺序,a0、a1 分别为 A 缸复位点与远点信号元件,b0、b1 分别为 B 缸复位点与远点信号元件。

A1、B1、B0、A0 四个动作执行信号分别是 a0、a1、b1 和 b0,其中 a0 和 b1 是脉冲信号,a1 和 b0 是长信号。观察①处,a1 是 B 缸前进信号,b1 是 B 缸复位信号,但 a1 信号在进行第 3 个动作时仍然存在,因此 B 缸运动出现不确定,可见,a1 信号存在障碍。同样分析②处,b0 信号也存在障碍。产生障碍的原因是 b0 和 a1 的信号太长,因此排除障碍的方法就是将长信号变成短信号或脉冲信号。

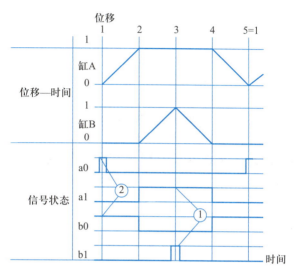

图 6-70 A1—B1—B0—A0 气缸程序动作位移—时间图与控制信号状态图

学以致用

(1)对于任务 1 行程阀方案,若要执行 A 缸伸出(A1)—B 缸伸出(B1)—B 缸返回(B0)—A 缸返回(A0),应如何改变气路连接?

〈回答提示〉存在信号障碍。

(2)对于任务 1 行程开关方案,若要执行 A 缸伸出(A1)—B 缸伸出(B1)—B 缸返回(B0)—A 缸返回(A0),应如何改变电路连接?

〈回答提示〉动作执行信号发生改变。

(3)若三气缸气动打孔机出现打孔后不执行后续动作,可能的原因是什么?

〈回答提示〉从元件、程序去分析。

知识拓展

气缸同步动作回路

气缸同步控制回路是指多个气缸以相同的速度移动或在预定的位置同时停止的回路。由于气体的可压缩性及负载的变化等因素,单纯利用流量阀调节气缸速度以达到各个气缸动作同步的方法是很难实现的。实现气缸同步动作常采用机械与气动并用或气液转换阀。

图 6-71 所示为采用齿轮齿条机构的同步控制,图 6-72 所示为采用气液缸的同步控制回路。

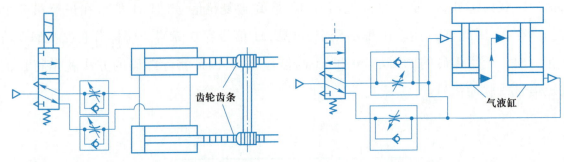

图 6-71   采用齿轮齿条机构的同步控制   图 6-72   采用气液缸的同步控制回路

多缸互锁回路

如图 6-73 所示,多缸互锁回路采用 3 个梭阀和 3 个换向阀进行互锁,防止各气缸同时动作,保证只有一个气缸动作。

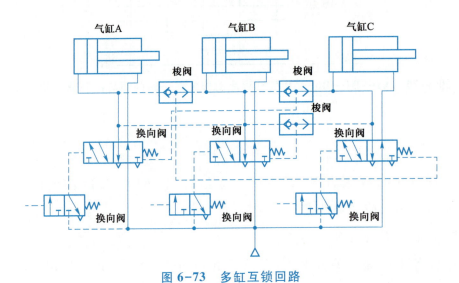

图 6-73   多缸互锁回路

任务 6-7   真空元件认知及真空吸附回路装调 >>>

▌生活导入

对于真空的探究,早在 1654 年 5 月 8 日德国物理学家、时任马德堡市长奥托·冯·格里克于雷根斯堡曾进行过一项经典的物理学实验——马德堡半球实验(图 6-74)。在这项实验中,实验者先将两个完全密合的半球中的空气抽掉,然后驱马从两侧向外拉,以展示大气压力的作用。马德堡半球实验证明:大气有压力,大气压力是非常大的。实验中,将两个半球内的空气抽掉,使球内的压力下降,形成真空。球外的大气便把两个半球紧压在一起,因此就不容易分开了。空气抽掉越多,压力越大。

图 6-74　马德堡半球实验

如今,真空原理广泛应用在日常生活中,如家用吸盘挂钩、吸尘器等,如图 6-75 所示。

吸贴　　　　　　吸尘器　　　　　吸锡器

图 6-75　日常生活中真空应用实例

在工业生产中,真空已在电子、半导体元件组装,汽车组装,包装机械,机器人等许多方面得到广泛应用,涉及轻工、食品、印刷、医疗等多个行业。

任务实践

实践课题:真空吸附回路装调

1. 任务描述

在工业生产中,对于任何具有光滑表面的物体,特别是对于非铁、非金属且不适合夹紧的物体,如薄的纸张、塑料膜、铝箔、易碎的玻璃及其制品、集成电路等微型精密零件,都可以使用真空吸附。图 6-76 所示为用于薄板搬运的真空吊具,要求完成薄板吸附—回转—放开动作,回转动作由手动完成。

图 6-77 所示为真空吊具吸附控制回路,读懂该控制回路,选择合适的气动元件、真空元件、电气元件,运用 Automation Studio 软件仿真模拟,在气动实训工作台上完成真空吊具吸附回路的装调,并回答下列问题。

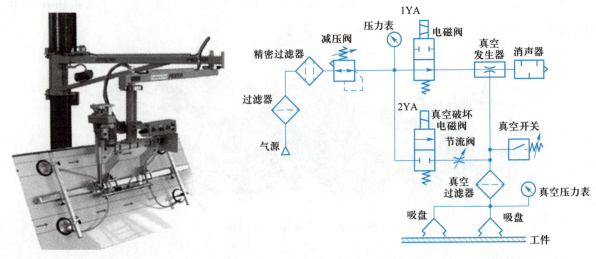

图 6-76　真空吊具　　　　　图 6-77　真空吊具吸附控制回路

（1）根据吸附要求，完成表 6-18。

表 6-18　电磁铁动作表

动作	1YA	2YA
吸真空（吸附）		
破真空（放开）		

（2）回路中节流阀作用是_____。它的开口大小对吊具工作影响是_____。

（3）回路中真空开关作用是_____。

（4）过滤器与真空过滤器的区别是_____，压力表与真空压力表的区别是_____。

（5）将真空发生器改用真空发生器组件，如何连接回路以实现上述吸附功能？

（6）若吸盘吸力不足，改进措施有_____。

（7）若节流阀堵塞，其后果是_____。

2. 实践规范

（1）元件安装方向、位置符合规范。

（2）管路连接符合规范。

（3）管路布置符合规范。

3. 过程分析

实际上，用真空发生器构成的真空回路，往往是正压系统的一部分，同时组成一个完整的气动系统。当电磁铁 1YA 失电时，真空发生器工作，在吸盘内产生真空，利用压力差吸附物体。当电磁铁 2YA 得电后，真空吸盘充气，吸盘放开物体。

知识链接

1. 真空度

在真空技术中,将低于大气压的压力称为真空度。在工程计算中,为简化计算,常取"当地大气压"$p_a = 0.1$ MPa,以此为标准来度量真空度。

2. 真空发生装置

真空发生装置是产生真空的元件,有真空泵和真空发生器两种类型。

（1）真空泵。真空泵的结构形式和工作原理与空气压缩机类似,在气动系统中多采用容积型真空泵,如回转式真空泵、膜片式真空泵和活塞式真空泵。

（2）真空发生器。真空发生器获取真空容易、结构简单、体积小、无可动机械部件、使用寿命长、安装使用方便,因此应用十分广泛。真空发生器产生的真空度可达 88 kPa,尽管产生的负压力（真空度）不大,流量也不大,但可控、可调,稳定可靠,瞬时开关特性好,无残余负压,同一输出口可正负压交替使用。

图 6-78 所示为真空发生器的工作原理图,它由喷嘴、接收室、混合室和扩散室组成。压缩空气通过收缩喷射后,从喷嘴内喷射出来的一束流体称为射流。射流能吸收周围的静止流体和它一起向前流动,这称为射流的卷吸作用。这样在射流的周围形成一个低压区,接收室的流体便被吸进来,与主射流混合后,经接收室的另一端流出。若喷嘴两端的压差达到一定值,气流达声速或亚声速流动,于是在喷嘴出口处,即接收室内可获得一定负压。

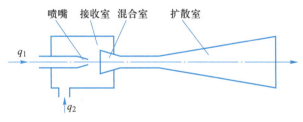

图 6-78 真空发生器工作原理图

> **学习提示** 关于真空的形成,我们不仅有生活经历也有课程已学知识。就生活经历而言,当有一辆高速行驶汽车从我们身边通过时,我们感受到的吸力就是因为在人与车之间形成了一定真空度;就课程已学知识而言,当高速气流通过油雾器时,油杯中润滑油能被吸出就是因为在油杯出口处形成一定真空度。

图 6-79a 所示为普通真空发生器结构原理图,P 口接气源,R 口接消声器,U 口接真空吸盘。压缩空气从真空发生器的 P 口经喷嘴流向 R 口时,在 U 口产生真空。当 P 口无压缩空气输入时,抽吸过程停止,真空消失。图 6-79b、c 所示分别为真空发生器图形符号和实物图。

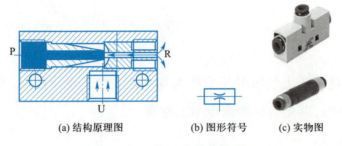

(a) 结构原理图　　　　　(b) 图形符号　　　　(c) 实物图

图 6-79　普通真空发生器

为便于安装使用,将电磁阀、压力开关、过滤器等真空元件组合在一起成为真空发生器组件,如图 6-80 所示。进入真空发生器组件的压缩空气由内置的电磁阀控制。电磁线圈通电,阀换向,压缩空气从进气口流向排气口,产生真空。电磁线圈断电,真空消失。吸入的空气通过内置过滤器和压缩空气一起从排气口排出。内置消声器可减少噪声。真空压力开关用以控制真空度。图 6-80b 所示为真空发生器组件实物图。

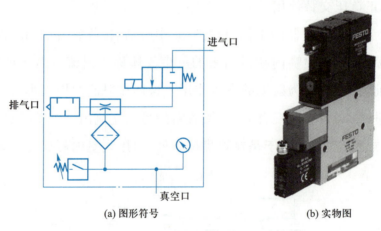

(a) 图形符号　　　　　　　　　(b) 实物图

图 6-80　真空发生器组件

3. 真空开关

真空开关是一种检测真空度范围的开关,又称为真空继电器。其作用是当实际工作中所产生的真空度达到规定要求时,自动开闭控制电路,发出电信号,指令真空吸附机构正常动作。它属于可靠性、安全性元件。

真空开关分为机械式、半导体式和气桥式三种类型。机械式真空开关利用机械变位来确定真空压力的变化,如膜片式真空开关。半导体式真空开关利用半导体压力传感器来检测真空压力的变化,并能够将检测到的压力信号直接转换成电气信号。

4. 真空阀

真空阀用于控制真空泵产生的真空的通断,以实现真空吸盘的吸着和脱离。真空阀的种类很多,其分类方法与气动换向阀的分类基本相同,按通口数目可分为两通阀、三通阀和五通阀。按控制方式可分为电磁控制真空阀、机械控制真空阀、人力控制真空阀和气控型真空阀。按主阀的结构形式可分为截止式、膜片式和软质密封滑阀式。

一般来说,间隙密封的滑阀、没有使用气压密封圈的弹性密封的滑阀、直动式电磁阀、先导电磁阀和非气压密封的截止阀等都可以用于真空系统中。

5. 真空吸盘

真空吸盘是真空系统中的执行元件,用于将表面光滑且平整的工件吸起来并保持住。柔软又有弹性的吸盘可确保不会损坏工件。

图 6-81a 所示为常用真空吸盘的形状。平形吸盘适用于表面是平面且没有变形的工件;平形带肋吸盘适用于容易变形的工件;深形吸盘适用于表面为曲面的工件;风琴形吸盘适用于吸附表面有轻微的不平、弯曲和倾斜等情况的工件,且在移动过程中有较好的缓冲性能。

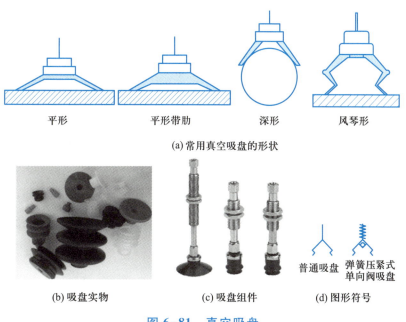

平形　　平形带肋　　深形　　风琴形

(a) 常用真空吸盘的形状

(b) 吸盘实物　　(c) 吸盘组件　　普通吸盘　弹簧压紧式单向阀吸盘 (d) 图形符号

图 6-81　真空吸盘

通常吸盘材料由橡胶材料与金属骨架压制而成。橡胶材料由丁腈橡胶、聚氨酯和硅橡胶等,其中硅橡胶吸盘适用于食品工业。

真空吸盘的安装靠吸盘上的螺纹直接与真空发生器或真空安全阀、空心活塞杆气缸相连,如图 6-81c 所示。图 6-81d 所示为真空吸盘图形符号。

为了能保证吸附作业安全可靠,需要注意以下事项:

(1)应尽量保持水平安装。水平安装和垂直安装吸持工件时受力状态是不同的。如图 6-82a 所示,吸盘水平安装时,除了要吸持住工件负载,还要考虑吸盘移动时工件的惯性力对吸力的影响。如图 6-82b 所示,吸盘垂直安装时,吸盘的吸力必须大于工件与吸盘间的摩擦力。

(2)应尽量使吸附中心与工件重心重合。工件重心和吸附中心的偏离,可能导致工件的落下。

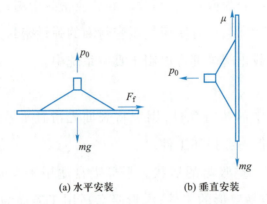

(a) 水平安装　　　　　　(b) 垂直安装

图 6-82　真空吸盘水平与垂直安装

（3）吸盘水平移动时避免较大的加速度。当移动加速度增大，工件和吸盘的摩擦力减小的时候，工件可能会脱落。

（4）应避免吸附柔软的工件，吸附力可能会导致工件起皱、变形等。这时有必要使用小型的真空吸盘、带肋的真空吸盘或降低吸附压力。

学以致用

（1）在进行吸附作业时，常遇到吸附力不足的情况，如何提高吸附力保证吸附作业的可靠性？

〈回答提示〉可以从吸附对象、吸附元件、系统真空度、吸附位置等方面去分析。

（2）当采用多个吸盘一起作业时，若其中有吸盘吸空（未参与吸附），可能导致其他吸盘不能正常工作，可采取什么措施避免这种情形？

〈回答提示〉从吸盘结构和真空系统去考虑。

（3）在实践条件没有供给电磁阀和真空破坏电磁阀，能否用二位三通电磁阀实现课题中的吸附作业，回路如何连接？

〈回答提示〉从阀的功能去考虑。

知识拓展

非接触吸盘

非接触吸盘如图 6-83 所示，它利用通过中间气旋的回心流力产生真空，以形成吸附力。图 6-84 所示为非接触吸盘工作原理，来自供气口的高速气流经管嘴流出，由于管嘴呈切向，从管嘴流出的气流产生气旋，把气旋中部空气带出，在工件与吸盘之间中部形成真空，产生吸附工件的吸附力。

图 6-83　非接触吸盘

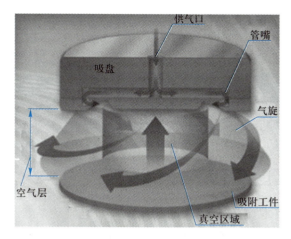

图 6-84　非接触吸盘工作原理

由于在搬运工件时,非接触吸盘与工件不接触,因此它具有以下应用特点:

（1）非接触搬运,如不宜接触的 FPD 玻璃板、太阳能电池、半导体晶片等的搬运作业。

（2）不变形搬运,如易变形的极薄晶片、胶片和纸张的搬运作业。

（3）凹凸不平或有孔洞工件的搬运,如 PCB 基板及衣物等的搬运作业。

项目学习总结

（1）气动与液压技术是一门实践性很强的课程,学习者应以"做"作为课程学习过程的核心,要围绕"做什么""怎样做""做的如何""如何做得更好"等关键性问题,并在"做"的过程中去发现问题,解决问题。

（2）控制方案的多样性既表明每个方案均存在优势与劣势,也表明还存在更多方案等待学习者去创新。

（3）从液压回路到气动回路,有相似点,也有不同点,这表明液压与气动技术应用场合还是存在差异的。前者侧重传递动力,后者侧重传递运动。

（4）在某种意义上,从泵到马达,从正压到负压就是一种逆向思维。逆向思维是对司空见惯的似乎已成定论的事物或观点反过来思考的一种思维方式。

学习情境七

走进气动与液压系统
——典型气动与液压系统识读及维护

学习情境描述

技术交流通常借助于"图",如电气工程图、机械装配图,如图7-1所示。借助电气工程图、机械装配图,可以知晓元器件的连接关系或装配关系、运行原理,也可以以此判断系统运行故障的原因等。同样,液压与气动系统也是通过图形来描述的,它是工程技术人员交流的语言,也是液压与气动设备用户认识、使用、维护、保养设备最为重要的依据。

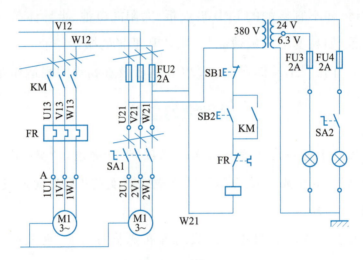

(a) 电气工程图

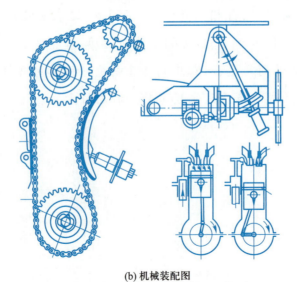

(b) 机械装配图

图 7-1　生产生活中的"图"

为此,本情境遴选了五个典型的液压与气动设备,在识读液压(气动)系统原理图的基础上,分析元件(回路)的功能,理清系统运行过程,判断故障成因,归纳系统特点。

学习思维导图

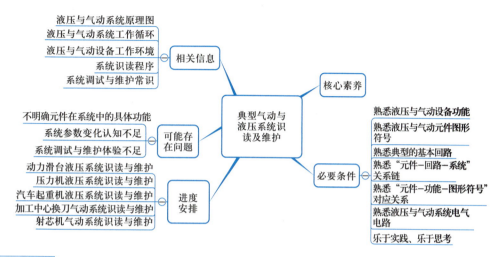

核心素养要求

(1)建立"元件—回路—系统"关系,形成双向认知习惯,能在系统或回路视角下认识元件,也能在元件基本功能认知基础上认识回路或系统功能实现。

(2)建立"动—静"关系,依据输入信号(电信号等)的变化,理清控制阀芯位置变化规律,能把"静"图变成"动"图。

(3)建立"工况动作—流体流向"关系,能从工况动作要求出发,正确描述流体进路线(从动力源到执行元件)和流体回路线(从执行元件到油箱或大气中),能分析出流体行走过程中压力与流量的变化。

(4)建立"局部—全面"关系,明确液压(气动)系统运行不仅包括液压(气动)元件,还包括电气元件、机械零(部)件等,是一体化协同的工作过程,能综合判断系统常见简单故障产生的原因。

任务 7-1 动力滑台液压系统识读 >>>

生活导入

在加工制造领域,直线运动加工比比皆是,如钻削一个孔、铣削一个窄面、割一条线缝。为了保证刀具、工具或工件沿直线运动,最常见的手段是选择滑台。滑台就是一个移动副,由加工有直线导轨的动静两个部件组成,其驱动方式有机械驱动(如丝杠螺母机构)与液压

(气压)缸驱动两种主要方式。

任务实践

实践课题:动力滑台液压系统识读

1. 任务描述

组合机床是用一些通用和专用部件组合而成的专用机床,它操作简便、效率高,广泛应用于成批大量的生产中,如图7-2所示。动力滑台是组合机床上的主要通用部件,是用来实现进给运动的,只要配以不同用途的主轴头,即可实现钻、扩、铰、镗、铣、刮端面、倒角及攻螺纹等加工。

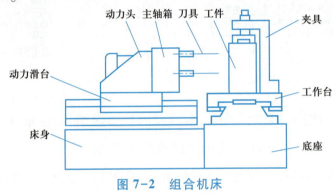

图 7-2　组合机床

动力滑台有机械动力滑台和液压动力滑台之分。液压动力滑台利用液压缸将液压泵站所提供的液压能转变成滑台运动所需的机械能,如图7-3所示。液压动力滑台对液压系统的主要性能要求是速度换接平稳,进给速度稳定,功率利用合理,效率高,发热少。

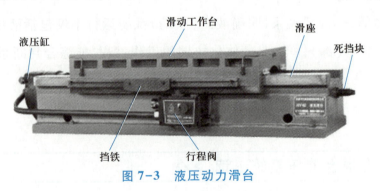

图 7-3　液压动力滑台

图7-4所示为YT4543型液压动力滑台液压系统原理图。该动力滑台要求进给速度范围为 $6.6 \sim 600$ mm/min,最大进给力 4.5×10^4 N,工作循环为:快进→第一次工作进给→第二次工作进给→死挡块停留→快退→原位停止,如图7-5所示。死挡块停留时间由电气元件时间继电器控制。读懂动力滑台液压系统原理图,分析滑台在各工况阶段液压油的流向,回答下列问题。

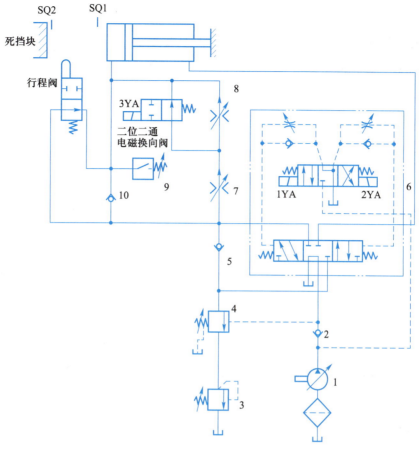

图 7-4　YT4543 型液压动力滑台液压系统原理图

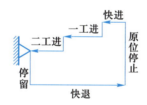

图 7-5　动力滑台工作循环

（1）根据滑台工作循环,填写表 7-1。

表 7-1　电磁铁和行程阀的动作循环表

动作	电磁铁			行程阀	信号来源
	1YA	2YA	3YA		
快进					
一工进					
二工进					
死挡块停留					
快退					
原位停止					

（2）快进时，进油路线是＿＿＿＿＿＿＿＿＿＿＿＿＿＿＿＿＿＿＿＿＿＿＿＿＿＿＿，回油路线是

＿＿＿＿＿＿＿＿＿（以元件代号表示，下同）。其快动方式是＿＿＿＿＿＿＿＿＿＿＿＿。

（3）一工进时，进油路线是＿＿＿＿＿＿＿＿＿＿＿＿＿，回油路线是＿＿＿＿＿＿＿＿＿＿＿。

（4）二工进时，进油路线是＿＿＿＿＿＿＿＿＿＿＿＿＿，回油路线是＿＿＿＿＿＿＿＿＿＿＿。

（5）快退时，进油路线是＿＿＿＿＿＿＿＿＿＿＿＿＿＿＿，回油路线是＿＿＿＿＿＿＿＿＿。

（6）死挡块停留时，液压泵状态是＿＿＿＿＿＿＿＿＿＿＿＿＿＿＿＿。原位停止时，液压泵卸荷方

式是＿＿＿＿＿＿＿＿＿＿＿＿＿。

（7）系统元件1为＿＿＿＿＿＿＿（定量、变量）叶片泵，它和元件7、8一起组成＿＿＿＿＿＿＿＿＿

＿＿＿调速回路。

（8）元件6是＿＿＿＿＿＿＿＿＿阀，它是由＿＿＿＿＿＿＿阀和＿＿＿＿＿＿＿阀组合而成，其中两个

节流阀的作用是＿＿＿＿＿＿＿＿＿＿＿＿＿。

（9）元件7、8是＿＿＿＿＿＿＿＿＿阀，其中元件7开口＿＿＿＿＿＿＿＿＿（大于、小于）元件8开口。

（10）在液压缸起点与终点位置设有行程开关SQ1和SQ2，滑台遇到死挡块停留时间由

时间继电器控制，若系统采用继电器控制，指出各动作执行信号来源，完成表7-1中的"信号

来源"列。

（11）若系统中液压缸无杆腔的有效面积为400 cm^2，活塞杆的有效面积为100 cm^2，滑

台二工进的运动速度是0.006 m/s，受到的负载为30 kN，元件4控油口的调定压力为1 MPa，

元件3的调定压力为0.6 MPa，则流入液压缸的流量为＿＿＿＿＿＿＿＿＿，压力为＿＿＿＿＿＿＿＿＿。元件

9开启压力应控制在＿＿＿＿＿＿＿＿＿范围内。

（12）系统主要特点为（至少三点）＿＿＿＿＿＿＿＿＿＿＿＿＿＿＿＿＿＿＿＿＿＿＿＿＿＿。

2. 实践规范

（1）紧扣系统动作要求，先动力元件、执行元件，后控制元件、辅助元件，读懂每一个图

形符号。

（2）依次分析各动作进出油路，明确元件在系统中的功能。

（3）在明确元件功能基础上，按方向、压力与速度控制三个大类，理清系统所包括的基本回路。

3. 过程分析

该系统采用变量泵供油，执行元件为单杆双作用液压缸，采用电液动换向阀换向，差动

快进，用行程阀实现快进与工进的转换，二位二通电磁换向阀用来进行两个工进速度之间的

转换，为了保证进给的尺寸精度，采用了死挡块停留来限位。

知识链接

1. 电液动换向阀

电液动换向阀由电磁换向阀和液动换向阀组合而成，如图7-6所示。液动阀是主阀，起

主控作用,用来控制主油路液压油流向;电磁阀是先导阀,起先导作用,用来控制液动阀,以控制油液的流向,从而改变液动阀阀芯的位置。因此,电液动换向阀集成了电磁阀控制灵活和液动阀通过流量大的优点。

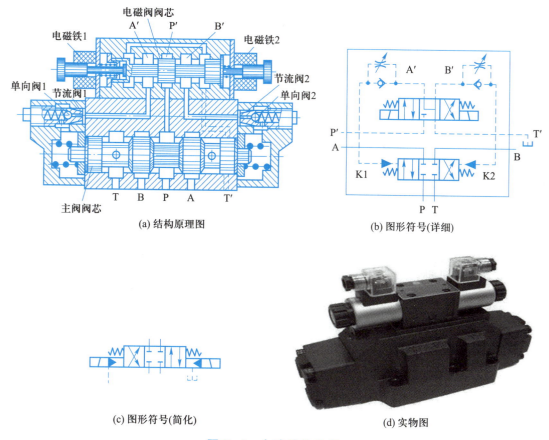

图 7-6 电液动换向阀

在图 7-6a 所示的电液动换向阀中,当先导电磁阀的两个电磁铁均不通电时,先导电磁阀阀芯处于中间位置,进油口 P′关闭,出油口 A′和 B′与回路 T′口相通,主阀芯两端控制油压力为零,主阀芯在两端弹簧的作用下处于中间位置,P、A、B、T 口互不相通;当先导电磁阀左边的电磁铁 1 通电,先导电磁阀阀芯处于右位,液压油经 P′口到 A′口,再经单向阀 1,最后作用在主阀阀芯左端油腔,主阀阀芯右端油液经节流阀 2,再经 B′口到 T′口,回油箱,主阀阀芯移至右端,液动换向阀左位工作,P 口与 A 口、B 口与 T 口相通;当先导电磁阀右边的电磁铁 2 通电时,则有 P 口与 A 口、B 口与 T 口相通。通过调节节流阀 1 和 2 开口的大小,可以改变主阀阀芯的移动速度,从而控制换向速度,避免换向冲击。因此,电液动换向阀适合于换向平稳性要求高的场合。图 7-6b、c、d 所示分别为电液动换向阀的图形符号及与实物图。

2. 两种进给速度换接回路

对于某些自动机床、注塑机等,需要在自动工作循环中变换两种以上的工作进给速度,这时需要采用两种或两种以上工作进给速度的换接回路。为了获得两种进给速度,回路设置两个流量阀(一般采用调速阀),两个流量阀可以采用并联和串联两种形式安装在回路中。

图 7-7a 所示是两个调速阀并联以实现两种进给速度的换接回路。当 1YA 得电,2YA 得电,液压泵输出的液压油经调速阀 1 和二位五通电磁阀左位进入液压缸,获得第一种工作进给速度,速度大小由调速阀 1 决定。当需要第二种工作进给速度时,2YA 失电,二位五通电磁阀右位接入回路,液压泵输出的液压油经调速阀 2 进入液压缸,速度大小由调速阀 2 决定。这种回路中,两个调速阀的节流口可以独调节,互不影响,即第一种和第二种进给速度相互间没有什么限制。

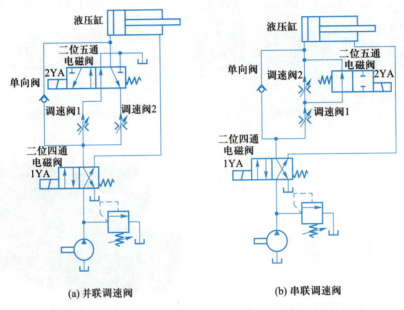

(a) 并联调速阀　　　　　(b) 串联调速阀

图 7-7　两种进给速度换接回路

图 7-7b 所示是两个调速阀串联以实现两种进给速度的换接回路。当 1YA 得电,2YA 失电,液压泵输出的压力油经调速阀 1 和电磁阀进入液压缸,获得第一种工作进给速度,速度大小由调速阀 1 决定。当需要第二种工作进给速度时,2YA 得电,二位五通电磁阀右位接入回路,则液压泵输出的液压油先经调速阀 1,再经调速阀 2 进入液压缸,速度大小由调速阀 2 控制。特别注意:要获得第二种速度,调速阀 2 的节流口应调得比调速阀 1 小,否则调速阀 2 将不起作用。这种回路在工作时调速阀 1 一直工作,它限制着进入液压缸或调速阀 2 的流量,因此在速度换接时不会使液压缸产生前冲现象,换接平稳性较好。但是,在调速阀 2 工作时,油液需经两个调速阀,故能量损失较大。

学以致用

(1) 系统一工进向二工进转换时,液压缸运行不明显,试分析原因。

〈回答提示〉从调速阀、行程开关、控制电路等找原因。

(2) 液压缸行至终点后,不执行返回动作,试分析原因。

〈回答提示〉从元件失效、元件压力调节，以及控制电路等找原因。

（3）将系统两种速度进给换接回路改成并联方式，如何修改液压油路？

〈回答提示〉参见并联调速阀两种进给速度换接回路。

┃ 知识拓展

叠加式液压阀

　　叠加式液压阀简称叠加阀，它是近二十年内发展起来的集成式液压元件，采用这种阀组成液压系统时，不需要另外的连接块，它以自身的阀体作为连接体直接叠合而成所需的液压传动系统。叠加阀的工作原理与一般液压阀基本相同，但在具体结构和连接尺寸上则不相同，它自成系列，每个叠加阀既有一般液压元件的控制功能，又起到通道体的作用，每一种通径系列叠加阀的主油路通道和螺栓连接孔的位置都与所选用的相应通径的控制阀相同。

　　叠加阀的分类与一般液压阀相同，分为压力控制阀、流量控制阀和方向控制阀三大类，图 7-8a 所示为叠加溢流阀结构原理图，其上有 5 个主油路通道和 4 个螺栓连接孔；图 7-8b 所示为其图形符号；图 7-8c 所示为其实物图。

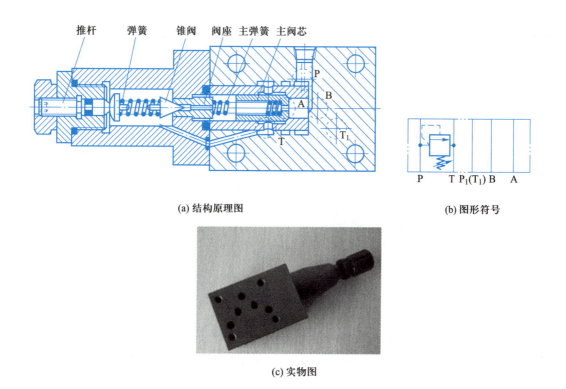

(a) 结构原理图　　　　　　　　(b) 图形符号

(c) 实物图

图 7-8　叠加溢流阀

任务 7-2　液压机液压传动系统识读 >>>

■生活导入

在工业生产中,锻压、冲压、校直、弯曲、粉末冶金等加工工艺是非常常见的,家庭用的金属锅、盆,汽车的覆盖件等,就是采用这些工艺加工出来的。这些加工工艺,也称压力加工,其共同特点是需要一个较大的静压力,所用设备称为压力机。压力机有机械和液压两种主要形式,其中又以液压压力机应用更为广泛。液压压力机设备称为液压机。

■任务实践

实践课题:液压机液压传动系统识读

1. 任务描述

液压机的结构形式有单柱式、三柱式、四柱式等,其中以四柱式液压机最为典型,它主要由床身、导柱、工作台、滑块等部件组成,如图7-9所示。液压机的主要运动是上滑块机构和顶出机构的运动,上滑块机构由主压缸(上缸)驱动,顶出机构由辅助液压缸(下缸)驱动(布置在工作台中间孔内)。液压机的上滑块机构通过四个导柱导向、主缸驱动。

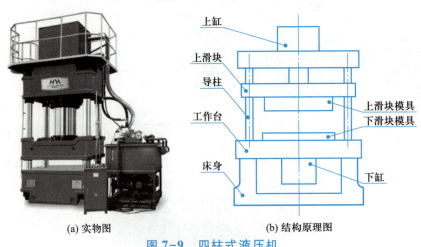

(a) 实物图　　　　　　　　　(b) 结构原理图

图 7-9　四柱式液压机

图7-10所示为3 150 kN通用液压机液压系统图,上滑块机构实现"快速下行→慢速加压→延时保压→快速回程→原位停止"的动作循环,下缸顶出机构实现"向上顶出→停留→向下退回"或"上位停留→浮动压边下行(即下缸随上滑块短距离下降)→停止→顶出"的两种工作循环,如图7-11所示,保压时间由电气元件时间继电器控制。读懂液压机液压系统图,分析上下滑块在各工况阶段液压油的流向,回答下列问题。

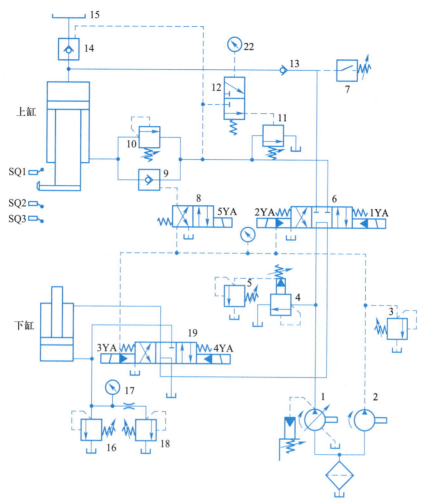

图 7-10　3 150 kN 通用液压机液压系统图

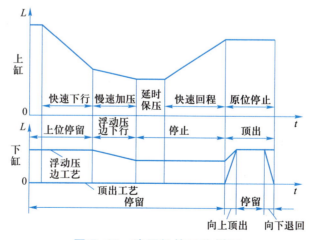

图 7-11　液压机的工作循环

（1）根据液压机工作循环,填写表7-2。

表7-2　动作循环表

动作		1YA	2YA	3YA	4YA	5YA	信号来源
上缸	快速下行						
	慢速加压						
	延时保压						
	快速回程						
	原位停止						
下缸	向上顶出						
	向下退回						
	浮动压边下行						
	停止						

（2）元件1是一个高压、大流量、恒功率控制的压力反馈变量柱塞泵,其压力由＿＿＿＿＿阀调节,构成＿＿＿调压回路;元件2一个低压小流量定量泵,其压力由＿＿＿＿＿阀调节。

（3）上缸快速下行时,进油路线为＿＿＿＿＿＿＿＿＿＿＿＿＿＿＿＿＿＿＿＿＿＿,回油路线为＿＿＿＿＿＿＿＿＿＿＿＿＿＿＿＿＿＿＿＿＿＿。

（4）上缸慢速加压时,进油路线为＿＿＿＿＿＿＿＿＿＿＿＿＿＿＿＿＿＿＿＿＿＿,回油路线为＿＿＿＿＿＿＿＿＿＿＿＿＿＿＿＿＿＿＿＿＿＿。

（5）上缸泄压快速回程时,进油路线为＿＿＿＿＿＿＿＿＿＿＿＿＿＿＿＿＿＿＿＿＿＿,回油路线为＿＿＿＿＿＿＿＿＿＿＿＿＿＿＿＿＿＿＿＿＿＿。

（6）下缸顶出时,进油路线为＿＿＿＿＿＿＿＿＿＿＿＿＿＿＿＿＿＿＿＿＿＿,回油路线为＿＿＿＿＿＿＿＿＿＿＿＿＿＿＿＿＿＿＿＿＿＿。

（7）电动机起动后,上下缸工作前,元件1的状态是＿＿＿＿＿＿＿＿＿,元件2的状态是＿＿＿＿＿＿＿。

（8）上缸通过封闭进出油口保压,且利用元件13和14良好的密封性能,此时,元件1的状态是＿＿＿＿＿＿＿。

（9）元件14的名称是＿＿＿＿＿＿＿,主要作用是＿＿＿＿＿＿＿＿。元件11、12和14组成＿＿＿＿＿＿＿回路。

（10）元件9和10组成＿＿＿＿＿＿回路,起＿＿＿＿＿＿＿作用。

（11）主油路压力控制方式是＿＿＿＿＿＿,调压元件是＿＿＿＿＿＿,辅助油路压力由＿＿＿＿＿＿阀控制。

（12）若上缸尺寸一定,则上缸快速下行时速度与＿＿＿＿＿＿＿＿＿＿＿＿有关,上行时速度与＿＿＿＿＿＿有关。

（13）系统主要特点（至少三点）为＿＿＿＿＿＿＿＿＿＿＿＿＿＿＿＿＿＿＿＿＿＿。

2．实践规范

（1）紧扣系统动作要求，先动力元件、执行元件，后控制元件、辅助元件，读懂每一个图形符号。

（2）依次分析各动作进出油路，明确元件在系统中的功能。

（3）在明确元件功能的基础上，按方向、压力与速度控制三个大类，理清系统所包括的基本回路。

3．过程分析

该系统采用"主、辅"双泵供油方式，主油路液压油由主泵提供，电液动换向阀、液控单向阀控制油由辅助泵提供，由电液动换向阀控制上下缸的上下运动，其动作转化由压力继电器、行程开关、液控单向阀、液控换向阀等元件控制。

知识链接

1．充液阀

充液阀是一种液控单向阀，目前广泛用于高速冲床、大中型液压机、注塑机等，其作用是加大供油量，使主缸活塞快速下降。

充液阀结构原理图如图 7-12a 所示，它安装在上油箱和主缸之间，因液压机主缸直径都比较大，当主缸活塞下降时，液压泵供油量小，活塞因自重而下降，导致主缸上腔成真空状态，将充液阀的阀口吸开（常态时，倒锥状的阀芯靠弹簧向上顶，进出油口关闭），使上油箱的油液从 A 口经 B 口进入主缸上腔，对主缸上腔充油，主缸作快速下行。活塞到位后（如遇到压制工件或产生一个背压），主缸上腔压力升高，弹簧将充液阀关闭，主缸仅在液压泵供油时作慢速加压动作。当活塞回程向上时，由于主缸上腔压力很高，直接让上腔换接到油箱，会产生剧烈冲击。为避免冲击，在活塞尚未动时，先给充液阀控制油口 K 通入液压油，通过控制活塞将控制阀芯顶开（由于控制阀芯很小，所需要推力不大），主缸上腔泄压，然后主阀芯打开，主缸上腔油液回到上油箱。可见，充液阀具有充液和卸压两个功能。图 7-12b 所示为充液阀实物图，其图形符号与液控单向阀相同。

2．浮动压边

有些模具工作时需要对工件进行压紧拉伸，当在压力机上用模具作薄板拉伸压边时，要求下滑块组件上升到一定位置实现上下模具的合模，使合模后的模具既保持一定的压力将工件夹紧，又能使模具随上滑块组件的下压而下降（浮动压边）。如图 7-10 所示，浮动压边时，换向阀 19 处于中位，由于上缸的压紧力远远大于下缸往上的上顶力，上缸滑块组件下压时下缸活塞被迫随之下行，下缸下腔油液经节流阀 17 和背压阀 18 流回油箱，使下缸下腔保

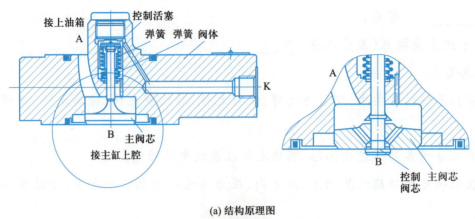

(a) 结构原理图

(b) 实物图

图7-12 充液阀

持所需的向上的压边压力,下缸上腔则经换向阀19中位从油箱补油。调节背压阀18的开启压力大小即可起到改变浮动压边力大小的作用。溢流阀16为下缸下腔安全阀,只有在下缸下腔压力过载时才起作用。

▌学以致用

(1) 液压机快速下行时,速度变慢,分析可能的原因。

〈回答提示〉速度决定流量。

(2) 液压机加压时,压力不足,分析可能的原因。

〈回答提示〉压力决定于负载。

▌知识拓展

插 装 阀

插装阀也称为逻辑阀,或插装式二位二通阀,是近年发展起来的一种新型液压控制元件,在高压大流量的液压系统中应用很广。其优点主要有:通流能力大,特别适用于大流量的场合;阀芯动作灵敏、抗堵塞能力强;密封性好,泄漏小,油液流经阀口压力损失小;结构简单,易于实现标准化。

插装阀的基本核心元件是插装元件。如图 7-13 所示,油口 A、B、C 有效面积之间的关系为 $A_a + A_b = A_c$。设 F_s 为弹簧力,p_a、p_b、p_c 分别为油口 A、B、C 的油液压力,则

（1）当 $p_a A_a + p_b A_b < p_c A_c + F_s$ 时,阀口关闭,A、B 不通。

（2）当 $p_a A_a + p_b A_b > p_c A_c + F_s$ 时,阀口打开,A、B 接通。

由此可见,改变控制口 C 的油液压力 p_c,可以控制 A、B 油口的通断。

（1）控制油口 C 接油箱(卸荷),当 $p_a > p_b$ 时,液流由 A 至 B;当 $p_a < p_b$ 时,液流由 B 至 A。

（2）控制油口 C 接通压力油,且 $p_c \geq p_a$、$p_c \geq p_b$ 时,在阀芯上、下端压差和弹簧的作用下关闭油口 A 和 B。

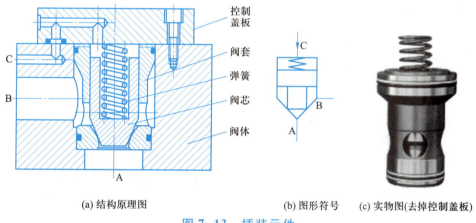

(a) 结构原理图   (b) 图形符号   (c) 实物图(去掉控制盖板)

图 7-13   插装元件

将一个插装元件的油口或若干个插装元件进行组合,并配以相应的先导控制级,可以组成方向控制、压力控制、流量控制或复合控制等控制单元(阀),如图 7-14 所示。

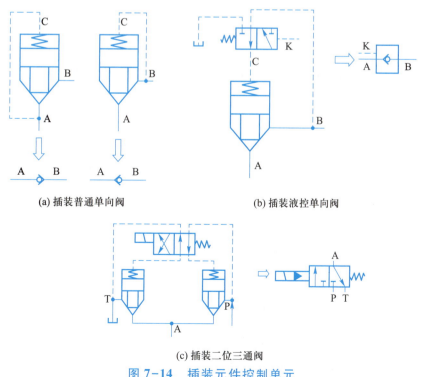

(a) 插装普通单向阀   (b) 插装液控单向阀

(c) 插装二位三通阀

图 7-14   插装元件控制单元

任务 7-3　汽车起重机液压系统识读 >>>

▌生活导入

　　在日常生活中,户外搬运作业已经司空见惯,如桥梁工程、应急救援、大型物料场的搬运作业。用于户外作业的机械设备一般需要自备动力,且具有走速快、机动性好、适应性强、操作简便等特点。

　　汽车起重机是一种适合户外作业,且使用广泛的工程机械,如图 7-15 所示。汽车起重机采用液压起重技术,承载能力大,适合在冲击、振动和环境较差的条件下工作。

图 7-15　汽车起重机

▌任务实践

实践课题:汽车起重机液压传动系统识读

　　1. 任务描述

　　图 7-16 所示为 Q2-8 型汽车起重机结构原理图,它主要由支腿装置、吊臂回转机构、吊臂伸缩机构、吊臂变幅机构和吊钩起降机构五个部分构成。支腿装置一般为四腿结构,用于起重作业时架起整车,避免载荷压在轮胎上,且可调节整车的水平度。吊臂回转机构的作用是使吊臂实现 360°任意回转,在任何位置都能够锁定停止。吊臂伸缩机构的作用是使吊臂在一定尺寸范围内可调,并能够定位,以改变吊臂的工作长度,一般为 3 节或 4 节套筒伸

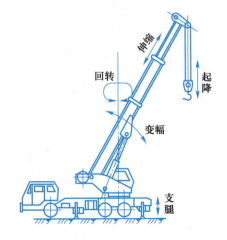

图 7-16　Q2-8 型汽车起重机结构原理图

缩结构。吊臂变幅机构的作用是使吊臂在 15°~80° 任意可调,以改变吊臂的倾角。吊钩起降机构的作用是使重物在起吊范围内任意升降,并在任意位置负重停止,起吊和下降速度在一定范围内无级可调。

　　图 7-17 所示为 Q2-8 型汽车起重机液压系统图,表 7-3 为 Q2-8 型汽车起重机液压系统的工作情况。读懂汽车起重机液压系统原理图,对照工作情况表,分析各个工况下液压油的流向,回答下列问题。

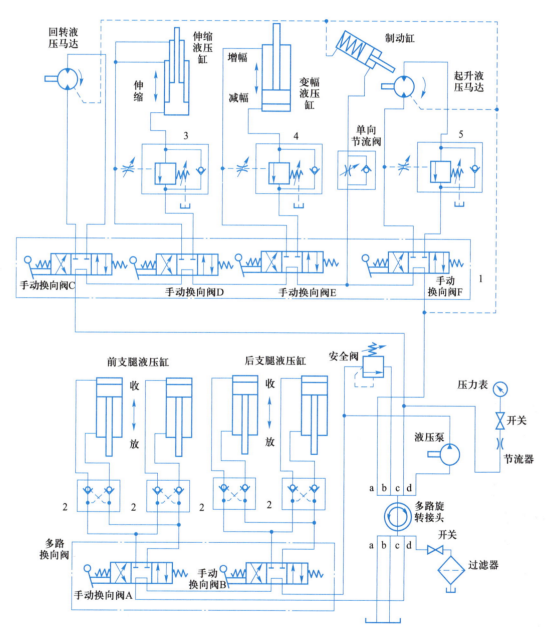

图 7-17　Q2-8 型汽车起重机液压系统图

表 7-3　Q2-8 型汽车起重机液压系统的工作情况

手动换向阀位置						系统工作情况						
阀 A	阀 B	阀 C	阀 D	阀 E	阀 F	前支腿液压缸	后支腿液压缸	回转液压马达	伸缩液压缸	变幅液压缸	起升液压马达	制动液压缸
左位	中位	中位	中位	中位	中位	伸出	不动	不动	不动	不动	不动	制动
右位	中位	中位	中位	中位	中位	缩回	不动	不动	不动	不动	不动	制动
中位	左位	中位	中位	中位	中位	不动	伸出	不动	不动	不动	不动	制动
中位	右位	中位	中位	中位	中位	不动	缩回	不动	不动	不动	不动	制动
中位	中位	左位	中位	中位	中位	不动	不动	正转	不动	不动	不动	制动
中位	中位	右位	中位	中位	中位	不动	不动	反转	不动	不动	不动	制动
中位	中位	中位	左位	中位	中位	不动	不动	不动	缩回	不动	不动	制动
中位	中位	中位	右位	中位	中位	不动	不动	不动	伸出	不动	不动	制动
中位	中位	中位	中位	左位	中位	不动	不动	不动	不动	减幅	不动	制动
中位	中位	中位	中位	右位	中位	不动	不动	不动	不动	增幅	不动	制动
中位	中位	中位	中位	中位	左位	不动	不动	不动	不动	不动	正转	松开
中位	中位	中位	中位	中位	右位	不动	不动	不动	不动	不动	反转	松开

（1）元件 1 的名称是＿＿＿＿＿，作用是＿＿＿＿＿＿，与它类似的液压元件是＿＿＿＿＿＿＿＿＿＿＿＿＿＿。

（2）元件 2 的名称是＿＿＿＿＿＿＿，作用是＿＿＿＿＿＿＿＿＿＿。

（3）元件 3、4、5 的名称是＿＿＿＿＿＿＿，作用是＿＿＿＿＿＿＿＿＿＿。

（4）系统压力调节是由＿＿＿＿＿完成的。

（5）前支腿伸出时，进油路线是＿＿＿＿＿＿＿＿＿＿，回油路线是＿＿＿＿＿＿＿。两缸运行时一般有先后顺序，其原因是＿＿＿＿＿＿＿＿＿。

（6）吊臂回转时，进油路线是＿＿＿＿＿＿＿＿＿＿，回油路线是＿＿＿＿＿＿＿。

（7）吊臂伸出时，进油路线是＿＿＿＿＿＿＿＿＿＿，回油路线是＿＿＿＿＿＿＿。伸缩液压缸伸出顺序是先＿＿＿＿＿＿，后＿＿＿＿＿＿。

（8）起升时，进油路线是＿＿＿＿＿＿＿＿＿＿，回油路线是＿＿＿＿＿＿＿，其速度由＿＿＿＿＿＿调节，制动过程是＿＿＿＿＿＿＿＿。

（9）变幅时，进油路线是＿＿＿＿＿＿＿＿＿＿，回油路线是＿＿＿＿＿＿＿。

（10）系统主要特点（至少三点）是＿＿＿＿＿＿＿＿＿＿＿＿＿＿＿＿＿＿＿＿＿＿＿＿＿＿＿＿＿＿。

2. 实践规范

（1）紧扣系统动作要求,先动力元件、执行元件,后控制元件、辅助元件,读懂每一个图形符号。

（2）依次分析各动作进出油路,明确元件在系统中的功能。

（3）在明确元件功能的基础上,按方向、压力与速度控制三个大类,理清系统所包括的基本回路。

3. 过程分析

系统每个组成部分都配置有执行元件(液压缸或液压马达)和相应的方向控制阀,改变方向控制阀阀芯的位置,可控制执行元件的动作方向。

▌ 知识链接

1. 多路换向阀

多路换向阀也称为多路阀,如图 7-18 所示,它将两个以上的换向阀块组合在一起,用以操纵多个执行元件的运动方向。多路换向阀有整体式和分片式(组合式)两种,图 7-18a 所示为整体式,所有换向阀共用一个阀体,图 7-18b 所示为分片式,各组成换向阀成片状,可独立拆开。多路换向阀的油路连接方式可分为并联式、串联式、串并联复合式。实践课题中的多路换向阀的油路连接方式就是并联式。多路换向阀还可根据不同的液压系统的要求,把安全阀、背压阀、单向阀、补油阀、分流阀、制动阀等组合在一起,具有结构紧凑、管路简单、压力损失小、安装简单等特点,常用于工程机械、运输机械和其他要求操纵多个执行元件运动的行走机械,图 7-19 所示为多液压元件复合的多路换向阀图形符号,常用于装载机械。

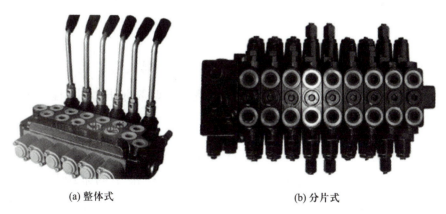

(a) 整体式　　　　　　　　　(b) 分片式

图 7-18　多路换向阀

2. 伸缩液压缸

伸缩液压缸由两个或多个活塞缸套装而成,前一级活塞缸的活塞杆内孔是后一级活塞缸的缸筒,伸出时可获得很长的工作行程,缩回时可保持很小的结构尺寸,如图 7-20 所

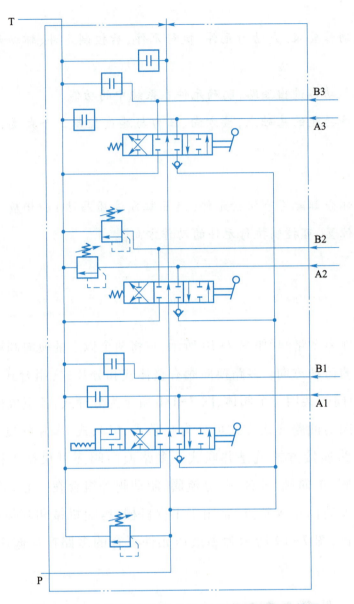

图7-19   多液压元件复合的多路换向阀图形符号

示。伸缩液压缸被广泛用于起重运输车辆、起重机、挖掘机等。按返回方式不同,伸缩液压缸分为单作用式和双作用式,前者靠外力回程,后者靠液压力回程,图形符号如图7-20b、c所示。

伸缩液压缸的外伸动作是逐级进行的,首先是最大直径的缸筒以最低的油液压力开始外伸,当到达行程终点后,稍小直径的缸筒开始外伸,直径最小的末级最后伸出。随着工作级数变大,外伸缸筒直径越来越小,工作油液压力随之升高,工作速度变快。伸缩液压缸返回的顺序与伸出顺序相反,小直径缸筒先返回,大直径缸筒后返回。

3. 平衡回路

平衡回路的功用在于防止垂直或倾斜放置的液压缸和与之相连的工作部件因自重而自行下落。

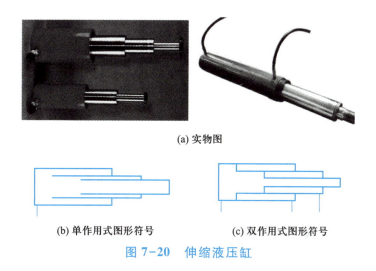

(a) 实物图

(b) 单作用式图形符号   (c) 双作用式图形符号

图 7-20 伸缩液压缸

图 7-21a 所示为采用单向顺序阀的平衡回路。调整顺序阀，使其开启压力 p_x 与液压缸下腔有效面积 A 的乘积稍大于垂直运动件的重力 G（即 $p_xA>G$）。当换向阀处于中位时，垂直运动件因自重产生的压力 $p(p=G/A)$ 小于顺序阀开启压力 p_x，顺序阀关闭，运动部件处于平衡状态。这种平衡回路会因单向顺序阀和换向阀的泄漏而缓慢下落，或因运动部件重量增大开启顺序阀，失去平衡。因此这种回路只适用于运动件重量不大且不变化，活塞平衡时定位精度要求不高的场合。

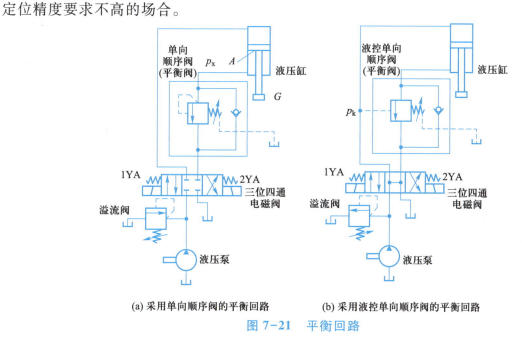

(a) 采用单向顺序阀的平衡回路   (b) 采用液控单向顺序阀的平衡回路

图 7-21 平衡回路

图 7-21b 所示为采用液控单向顺序阀的平衡回路。当停止工作时，由于换向阀采用了 H 型（也可用 Y 型）中位机能，液控单向顺序阀控制油口的压力为零，液控单向顺序阀关闭，运动部件处于平衡状态。由于液控单向顺序阀启闭仅与控制口压力 p_k 有关，当运动件重量发生变化时，运动部件仍处于平衡状态。这种平衡回路的优点是只有上腔进油时活塞才下行，比较安全可靠；缺点是活塞下行时平稳性较差，易产生"爬行"现象。因此，这种回路适用

于运动件重量有变化的液压系统中。

■ 学以致用

（1）系统压力不上升，试分析可能的原因。

〈回答提示〉从油箱、液压泵、溢流阀、旋转接头、压力表等方面考虑。

（2）起臂时吊臂变幅系统动作缓慢或不动，试分析可能的原因。

〈回答提示〉从溢流阀、手动控制阀等方面考虑。

■ 知识拓展

液压系统的运转调试

为保证液压设备安全运行，满足生产工艺要求，新设备或修理后的设备，在使用前，必须进行必要的运转调试。

1. 空载调试

进行空载调试时，应全面检查液压系统的各个回路和液压元件、辅助元件的工作是否正常可靠。检查内容如下。

（1）检查各液压元件及管道连接是否正确、可靠。

（2）油箱、电动机及各个液压部件的防护装置是否完好。

（3）油箱中液面高度及所用的液压油是否符合要求。

（4）系统中各个液压元件、油管及管接头的位置是否便于安装、调节、检修。压力表等仪表安装位置是否便于观察。

（5）液压泵运转是否正常，系统运转一段时间后，油液的温升是否符合要求。

（6）与电气系统的配合是否正常。调整自动工作循环动作，检查起动、换向的运行是否正常。

2. 负载试车

在空载运行正常的前提下，进行负载调试，使液压系统在设计规定的负载下工作，检查内容如下。

（1）先在低于最大负载下进行试车，观察液压元件的工作情况，是否有泄漏，各工作部件是否正常运行。

（2）在低负载试车正常的情况下进行最大负载试车，最高试验压力按设计要求的系统额定压力或按实际工作对象所需压力调节，观察各工作部件是否正常运行。

液压系统的使用维护

液压系统使用得当、维护好，可以减少故障的发生，能有效延长系统的使用寿命。

1. 液压系统使用要求

（1）操作者在使用液压设备前,要熟悉液压元件控制机构的操作要领,熟悉各液压元件控制的执行元件和调节旋钮的转动方向等,严格防止调节错误造成事故。

（2）在使用液压设备时,应随时注意油位和温升,一般油液的工作温度为 30~60℃,最高不超过 60℃,异常升温时,应停车检查。冬天气温低,应使用加热器。

（3）保持液压油清洁,定期检查更换。对于新使用的液压设备,使用三个月左右就应清洗油箱、更换油液。以后每隔半年至一年进行一次清洗和换油。

（4）注意过滤器的使用情况,滤芯要定期清洗和更换。

（5）若设备长期不用,应将调节手柄全部放松,防止弹簧产生永久变形。

2. 液压系统的维护要求

（1）日常检查。日常检查是减少液压系统故障的重要环节,主要是操作者在使用中经常通过目视、耳听及手触等比较简单的方法,在泵起动前后和停止运转前检查油量、油温、压力、泄漏、振动等。出现不正常情况应停机检查原因,及时排除。对重要的液压设备应填写“日检修卡”。

（2）定期检查。定期检查的内容包括:调查日常检查中发现而又未及时排除的异常现象和故障预兆,并查明原因给予排除;对规定必须定期维修的基础部件,应认真检查加以维护;对需要维修的部位,必要时分解检修。定期检查的时间间隔一般与过滤器检修时间间隔相同,大约三个月。

（3）综合检查。综合检查大约每年一次,其主要内容是检查液压装置的各元件和部件,判断其性能和寿命,并对产生的故障进行检修或更换元件。

任务 7-4　加工中心换刀气动传动系统识读 >>>

生活导入

普通车床加工的换刀操作多由手动完成,数控车床加工的换刀操作由四工位或六工位刀架自动完成,显然后者的生产效率大大提高。在现代化生产中,加工工序高度集中,一次装夹所需要的刀具数量大大增加,采用多工位自动换刀已经不能满足要求,按工艺要求从刀库中取刀加工成为主流。采用气动系统可以快速从刀库中取出刀具,并安装到主轴上。

任务实践

实践课题:加工中心换刀气动传动系统识读

1. 任务描述

如图 7-22 所示,在加工中心中,有一个存放所有刀具的刀库。主轴每次仅能驱动一把刀具进行切削加工,当主轴完成一个加工工序后,需从刀库中调用另一把刀具,再进行下一工序加工。刀具在刀库中的转位由伺服电动机通过齿轮、蜗杆蜗轮传动来实现,主轴上刀具与刀库中刀具的交换由气压传动实现。

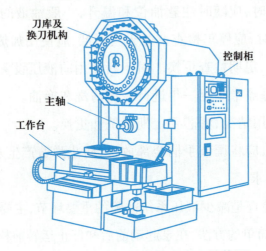

图 7-22   XH754 卧式加工中心结构图

图 7-23 所示为加工中心换刀气动系统原理图,它可以完成包括主轴定位、松刀、拔刀、向主轴锥孔吹气和插刀等动作,动作循环如图 7-24 所示。读懂加工中心换刀气动系统原理图,按工作循环,依次分析各工况进出气路,回答下列问题。

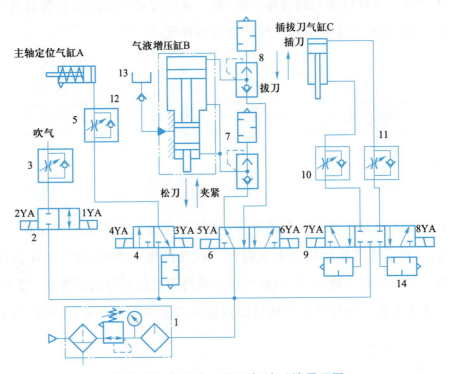

图 7-23   加工中心换刀气动系统原理图

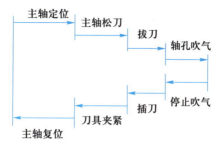

图 7-24 加工中心换刀工作循环

（1）填写表 7-4。

表 7-4 加工中心换刀动作顺序表

动作	1YA	2YA	3YA	4YA	5YA	6YA	7YA	8YA
主轴定位								
主轴松刀								
拔刀								
轴孔吹气								
停止吹气								
插刀								
刀具夹紧								
主轴复位								

（2）主轴定位时,进气路线为_____,回气路线为_____。

（3）拔刀时,进气路线为_____,回气路线为_____。

（4）元件 13 名称是_____作用是_____。

（5）元件 12 名称是_____作用是_____。

（6）插拔刀气缸的速度控制方式是_____。

（7）元件 3 名称是_____作用是_____。

（8）元件 9 的中位机能是_____,采用此中位机能作用是_____。

（9）系统主要特点(至少三点)为_____。

2. 实践规范

（1）紧扣系统动作要求,先动力元件、执行元件,后控制元件、辅助元件,读懂每一个图形符号。

（2）依次分析各动作进出油路,明确元件在系统中的功能。

（3）在明确元件功能的基础上,按方向、压力与速度控制三个大类,理清系统所包括的基本回路。

3. 过程分析

压缩空气经气源调节装置进入换刀气动系统,由四只换向阀控制四只执行气缸的运动方向,为提高刀具夹紧力,采用了增压装置。

知识链接

1. 气液增压缸

为了提高刀具的夹紧力,系统采用气液增压缸。气液增压缸将气液压缸与气液增压器作一体式结合,使用压缩空气作为动力源,利用气液增压器的大小受压活塞截面积之比例将低气压提高到数十倍,供液压缸使用,如图 7-25 所示。根据帕斯卡定律,增压缸输出力 F 为

$$F = p_2 A_3 = \frac{p_1 A_1}{A_2} A_3$$

式中 p_1——输入压缩空气的压力;

　　　　p_2——增压后输出压力;

　　A_1、A_2——气液增压器大小活塞面积。

图 7-25c 所示为一种用于气动冲床的气液增压缸实物图。

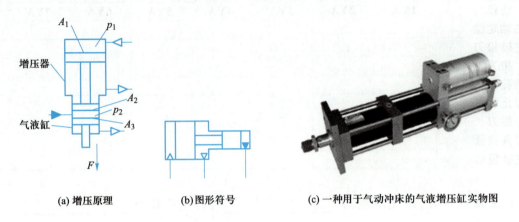

(a) 增压原理　　　　　　(b) 图形符号　　　　　(c) 一种用于气动冲床的气液增压缸实物图

图 7-25　气液增压缸

2. 气液增压回路

图 7-26 所示为采用气液增压缸的夹紧回路,当双气控换向阀在图示位置时,气液增压缸的下侧产生高压油,气液缸前进夹紧工件,并获得很大的夹紧力;双气控换向阀处于右位时,则松开工件,调节气动单向节流阀控制气液缸运行速度。

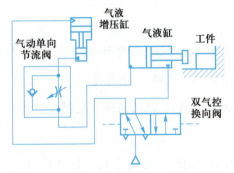

图 7-26　采用气液增压缸的夹紧回路

▌学以致用

(1)数控系统发出换刀指令后,刀具能够交换,但刀具夹不紧,试分析可能的原因。

〈回答提示〉从换向阀、增压缸,以及机械机构等找原因。

（2）刀具拔不出来，试分析可能的原因。

〈**回答提示**〉从气压、刀具是否松开，以及机械机构等找原因。

知识拓展

阀　　岛

阀岛是由多个电控阀构成的控制元件，它集成了信号输入/输出及信号的控制，犹如一个控制岛屿。阀岛是新一代气电一体化控制元件，类型包括带多针接口的阀岛、带现场总线的阀岛，可编程阀岛及模块式阀岛，如图 7-27 所示。阀岛技术和现场总线技术相结合，不仅使电控阀的布线容易，而且也大大地简化了复杂系统的调试、检测、诊断及维护工作。

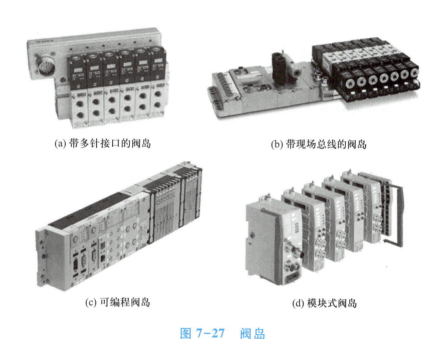

(a) 带多针接口的阀岛　　　　　(b) 带现场总线的阀岛

(c) 可编程阀岛　　　　　(d) 模块式阀岛

图 7-27　阀岛

任务 7-5　射芯机气动系统识读 >>>

生活导入

砂型铸造常作为形状比较复杂零件毛坯的生产工艺。每铸造一个零件毛坯需要制作一组砂芯，当毛坯生产批量很大时，依靠人力手工制作砂芯已经难以满足生产需求。以压缩空气为动力的射芯机成为铸造企业必不可少的生产设备之一，它不仅提高了砂芯生产的效率和质量，同时也大大改善工人工作环境。

▌任务实践

实践课题：射芯机气动系统识读

1. 任务描述

如图 7-28 所示，射芯机主要由射芯机构和芯盒定位夹紧机构组成，它将以液态或固态热固性树脂为黏结剂的芯砂混合料射入加热后的芯盒内，砂芯在热的芯盒内很快（约 5~10 mm）硬化到一定厚度后，将之取出，得到表面光滑、尺寸精确的优质砂芯成品。

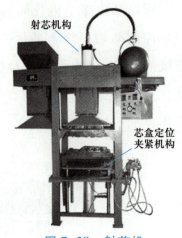

图 7-28　射芯机

图 7-29 所示为射芯机工作原理图，该系统可完成包括工作台上升、芯盒夹紧、射砂、排气、工作台下降、加砂等动作。射芯机工作循环如图 7-30 所示。射芯机在原始状态时，加砂阀门和环形薄膜快速射砂阀关闭，射砂缸装满芯砂，闸门密封圈在气压力作用下将加砂阀门和射砂缸间间隙密封。射砂时间、排气时间、加砂时间分别由不同时间继电器控制。元件 1 开启力为 0.5 MPa。读懂射芯机气动系统原理图，按工作循环，依次分析各工况进出气路，回答下列问题。

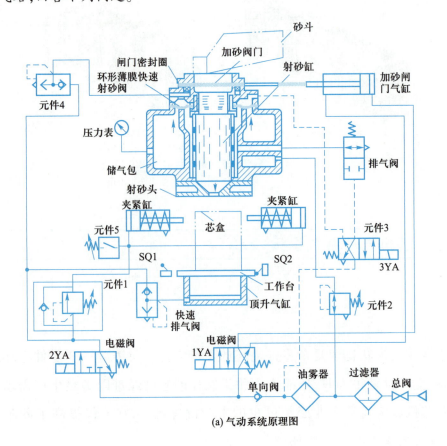

(a) 气动系统原理图

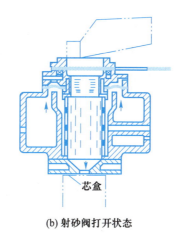

芯盒

(b) 射砂阀打开状态

图 7-29　射芯机工作原理图

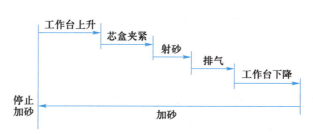

图 7-30　射芯机工作循环

（1）填写射芯机动作顺序表（表 7-5）。

表 7-5　射芯机动作程序表

序号	动作名称	动作时间/s	电磁铁			信号来源
			1YA	2YA	3YA	
1	工作台上升	1~2				
2	芯盒夹紧	3				
3	射砂	4				
4	排气	5				
5	工作台下降	6~7				
6	加砂	8~12				
7	停止加砂	13~14				

（2）工作台上升时,进气路是_____。

（3）芯盒夹紧时,进气路是_____。

（4）元件 1 名称是_____,其作用是控制_____。

（5）射砂时,进气路是_____。其控制气路是_____。

（6）加砂时,进气路是_____。

（7）元件 2 名称是_____,作用是_____。

（8）元件 3 名称是_____,作用是_____。

（9）元件 4 名称是_____,作用是_____。

（10）元件 5 的动作压力与_____有关。

（11）系统主要特点（至少三点）为_____。

2. 实践规范

（1）紧扣系统动作要求,先动力元件、执行元件,后控制元件、辅助元件,读懂每一个图形符号。

（2）依次分析各动作进出油路,明确元件在系统中的功能。

（3）在明确元件功能的基础上,按方向、压力与速度控制三个大类,理清系统所包括的基本回路。

3. 过程分析

本系统是以射砂气缸控制为核心,主要动作包括射砂气缸射砂和排气动作,给射砂气缸加砂动作,三是射砂前准备动作（加砂缸密封、芯盒定位与夹紧等）。

知识链接

1. 射砂装置

射芯机的核心部件是射砂装置,其原理是利用储气包内的气压能将芯砂从射砂缸射入芯盒中。图 7-29b 所示为射砂阀打开状态。从结构上看,射砂装置除了用于盛放芯砂的射砂缸外,还有用于密封加砂闸门的密封气缸、蓄能的气罐和控制射砂阀口的启闭的二位三通气控阀。射砂装配图形符号表示如图 7-31 所示。

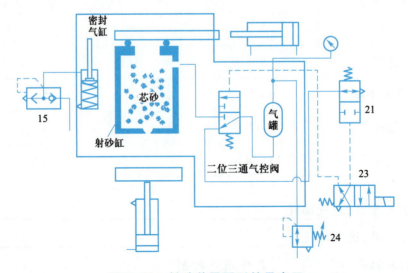

图 7-31　射砂装置图形符号表示

2. 快速排气阀与快速排气回路

快速排气阀简称快排阀,它的功能加快气缸排气,提高气缸运动速度。通常气缸排气时,气体从气缸经过管路由换向阀的排气口排出。如果从气缸到换向阀的距离较长,而换向阀的排气口又较小时,排气时间就较长,气缸的动作速度就较慢。若采用快速排气阀,则气缸内的气体能由快速排气阀直接排入大气,加快气缸动作速度。图 7-32a 所示是快速排气阀的结构原理图。当压缩空气进入进气口 P 时,膜片向下变形,关闭 T 口,打开 P 口与 A 口的通路,气体进入执行元件;当 A 口进气时,膜片将 P 口关闭,气体通过 T 口快速排出。图 7-32b、c 所示为快速排气阀的图形符号和实物图。

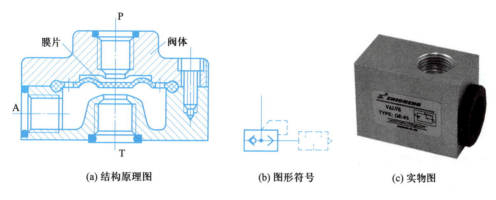

(a) 结构原理图   (b) 图形符号   (c) 实物图

图 7-32 快速排气阀

图 7-33a 所示为单向快速排气回路,当电磁铁 YA 通电,气体从快速排气阀 P 口到 A 口进入气缸无杆腔,气缸左移,当电磁铁 YA 断电,无杆腔回气从快速排气阀 A 口进入 T 口排出,不再长距离经运动至二位五通阀排出,使得气缸快速返回。图 7-33b 所示为双向快速排气回路,可实现两个方向快速排气。

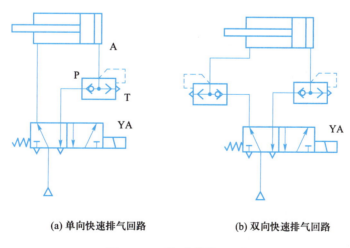

(a) 单向快速排气回路   (b) 双向快速排气回路

图 7-33 快速排气回路

▎学以致用

（1）就气动系统而言,若出现不射砂的情况,试分析可能的原因。

〈回答提示〉从换向阀、发信元件、压缩空气压力等找原因。

（2）夹紧缸不执行夹紧动作,试分析可能的原因。

〈回答提示〉从执行元件、控制元件、发信元件等找原因。

▎知识拓展

气动系统的调试

1. 调试前的准备

（1）熟悉说明书等有关技术资料,力求全面了解系统的原理、结构、性能及操作方法。

（2）了解需要调整的元件在设备上的实际位置、操作方法及调节手柄的旋向。

（3）准备好调试的工具及仪表。

2. 空载运行

空载运行时间不得少于 2 h,观察压力、流量、温度的变化。

3. 负载试运行

负载试运行应分段加载,运行时间不少于 3 h,分别检测出有关数据,计入试车记录。

气动系统的维护

气动系统的维护分为日常维护、定期维护,以及系统大修。具体注意以下几个方面:

（1）日常维护需对冷凝水和系统润滑进行管理。

（2）开机前后要放掉系统中的冷凝水。

（3）随时注意压缩空气的清洁度,对过滤器的滤芯要定期清洗。

（4）定期给油雾器加油。

（5）开机前检查各调节手柄是否在正确位置,行程阀、行程开关、挡块的位置是否正确,安装是否牢固。对活塞杆、导轨等外露部分的配合表面进行擦拭后方能开机。

（6）长期不使用时,应将各手柄放松,以免弹簧失效而影响元件的性能。

（7）间隔三个月需定期维护,一年应进行系统大修。

（8）对受压容器定期检验,漏气、漏油、噪声等要进行防治。

项目学习总结

（1）图形符号是具体液压与气动元件的抽象表示,是该领域的交流语言。识读系统的前提是识读元件图形符号。

（2）识读液压与气动系统的过程与回路学习的过程正好相反，是化整为零的过程。

（3）工程实例通常会涵盖多门课程的内容，涉及机械原理、机电传动控制、可编程序控制器等。学习工程实例有助于学习者将多门课程融会贯通，掌握知识间的联系，锻炼综合运用所学知识解决工程问题的能力。

（4）实践中出现的问题总是意想不到的，但万变不离其宗，读好书、用好书就能自信地面对一切难题。

附　录

附录 A　常用气动与液压元件图形符号（摘自 GB/T 786.1—2009） >>> ■

附表 1　图形符号基本要素、应用规则

符号名称或用途	图形符号	符号名称或用途	图形符号
工作管路	（模数尺寸 $M = 2.5$ mm）	控制管路、泄油管路、放气管路	
组合元件线		软管总成	
位于溢流阀内的控制管路		先导式减压阀内的控制管路	
位于减压阀内的控制管路		控制机构应画在矩形或长方形图的右侧，除非两侧都有	
压力阀符号的基本位置由流动方向决定，供油口通常画在底部		流体流过阀的路径和方向	

符号名称或用途	图形符号	符号名称或用途	图形符号
管路的连接	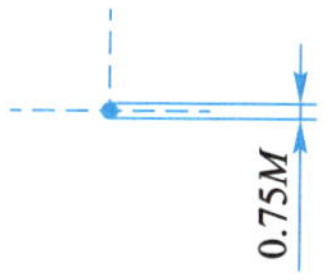	流体流过阀的路径和方向	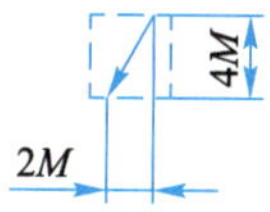
单向阀座（小、大规格）	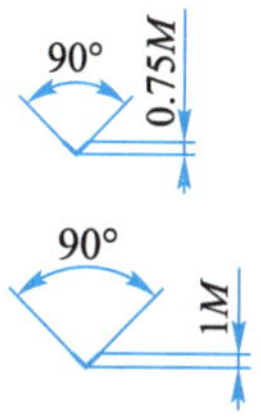	单向阀运动部分（小、大规格）	
节流阀节流口小、大规格	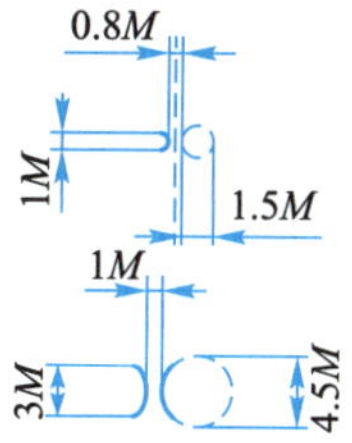	调速阀节流口小、大规格	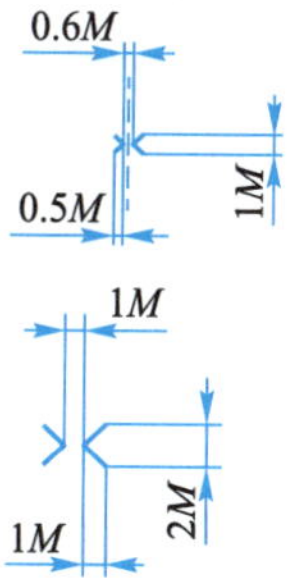
不带单向阀的快换接头，断开状态		带两个单向阀的快换接头，断开状态	
控制管路或泄油管路接口	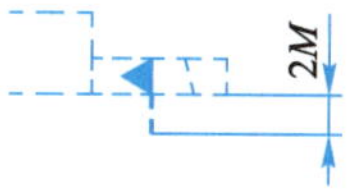	液体流动方向	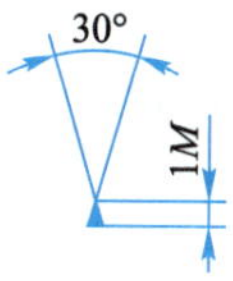
多路旋转接头两边接口都有 2M 间隔，图中数字可自定义并扩展	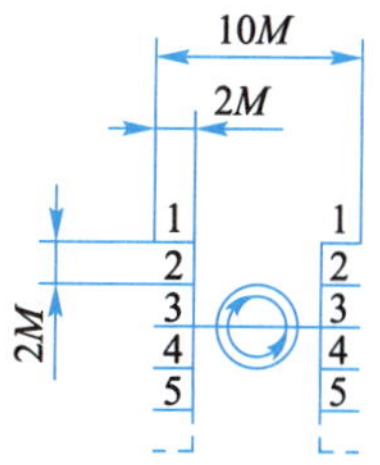	活塞应距缸端盖大于 1M 以上，连接油口距缸符号末端应大于 0.5M	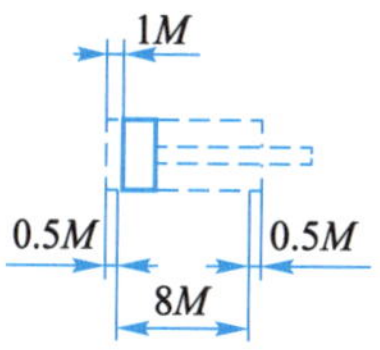

续表

符号名称或用途	图形符号	符号名称或用途	图形符号
顺时针方向旋转指示箭头	60° 9M	双向旋转指示箭头	60° 9M
油缸弹簧	6M 4M	控制元件:弹簧	2.5M 2M
** —输出信号 * —输入信号	** *	输入信号	F—流量； G—位置或长度测量； L—液位； P—压力或真空； S—速度或频率； T—温度； W—质量或力
泵的驱动轴位于左边（首选位置）或右边,且可延长2M的倍数		马达的轴位于右边（首选位置）也可置于左边	M M
气压源	4M	液压源	4M

附表 2　控 制 方 式

符号名称或用途	图形符号	符号名称或用途	图形符号
带分离把手和定位销的控制机构		使用步进电动机的控制机构	
带有定位装置的推或拉控制机构		单方向行程操纵的滚轮杠杆	
电气先导控制机构		电液先导控制卸压	
单作用电磁铁,动作背离阀芯　单作用电磁铁,动作指向阀芯		单作用电磁铁,动作背离阀芯,连续控制　单作用电磁铁,动作指向阀芯,连续控制	
双作用电磁铁控制,动作指向或背离阀芯		具有可调行程限制装置的顶杆	
气压复位,外部压力源		手动锁定控制机构	

附表 3　方 向 阀

符号名称或用途	图形符号	符号名称或用途	图形符号
单向阀		先导式液控单向阀,带复位弹簧,	
梭阀(或门)		双压阀(与门)	

续表

符号名称或用途	图形符号	符号名称或用途	图形符号
二位二通方向控制阀,推压控制机构,弹簧复位,常闭		二位三通方向控制阀,滚轮杠杆控制,弹簧复位	
二位二通方向控制阀,电磁铁操纵,弹簧复位,常开		三位四通方向控制阀,电磁铁操纵先导阀,液压操纵主阀,外部先导供油,弹簧对中	
二位四通方向控制阀,电磁铁操纵,弹簧复位		三位四通方向控制阀,弹簧对中,双电磁铁直接操作	
二位三通方向控制阀,单电磁铁操纵,弹簧复位,定位销式手动定位		三位四通方向控制阀,液压控制,弹簧对中	
二位四通方向控制阀,双电磁铁操纵,定位销式(脉冲阀)		三位五通方向控制阀,定位销式各位置杠杆控制	
二位三通液压电磁换向座阀(二位三通电磁球阀)		二位五通气动方向控制阀,单作用电磁铁,外部供气先导,手动操作,弹簧复位	
直动式比例方向阀		双单向阀,先导式	

续表

符号名称或用途	图形符号	符号名称或用途	图形符号
二位五通方向控制阀,踏板控制		快速排气阀	
先导式伺服阀,带主级和先导级的闭环位置控制,集成电子器件,外部先导供油和回油		延时控制气动阀	

附表 4　压　力　阀

符号名称或用途	图形符号	符号名称或用途	图形符号
直动式溢流阀		气动内部流向可逆调压阀	
直动式减压阀,外泄型		气动外部控制顺序阀	
先导式减压阀,外泄型		直动式比例溢流阀	
电磁溢流阀,先导式		直动式比例溢流阀,电磁力直接作用于阀芯上,集成电子器件	

续表

符号名称或用途	图形符号	符号名称或用途	图形符号
单向顺序阀	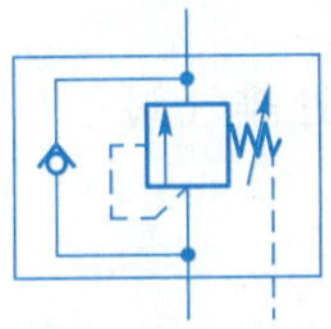	比例溢流阀,先导控制,带电磁铁位置反馈	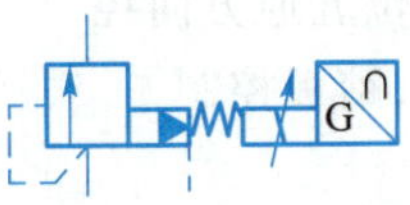

附表5　泵、马达

符号名称或用途	图形符号	符号名称或用途	图形符号
变量泵		双向流动,带外泄油路的单向变量泵	
空气压缩机	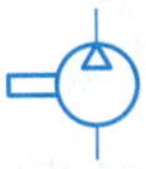	单向旋转的定量泵或马达	
双向变量泵或马达单元,双向流动,带外泄油路		双向摆动缸,限制摆动角度	
单向变量泵,先导控制,压力补偿,带外泄油路	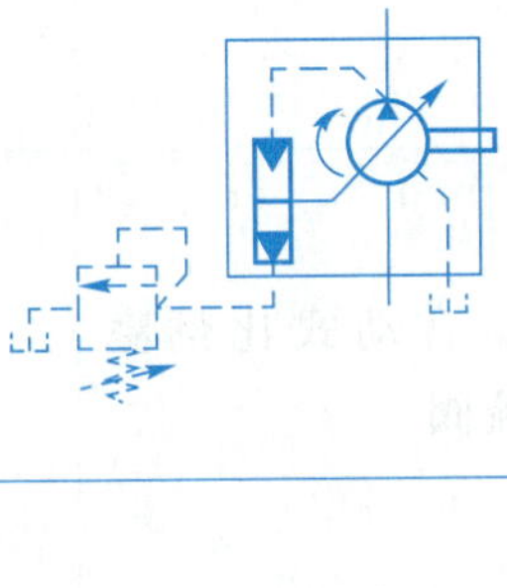	单作用半摆动缸	
连续增压器,将气体压力 p_1 转换为较高的液体压力 p_2		真空泵	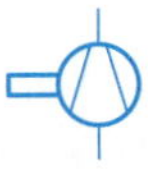
气马达	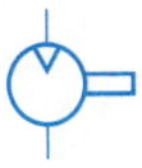	双向定量摆动气马达	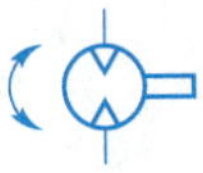

附表 6 流 量 阀

符号名称或用途	图形符号	符号名称或用途	图形符号
可调节流量控制阀(节流阀)		可调节流量控制阀,单向自由流动	
二通流量控制阀(调速阀),可调节,带旁通阀,固定设置,单向流动		三通流量控制阀,可调节,将输入流量分为固定流量和剩余流量	
流量控制阀,滚轮杠杆操纵,弹簧复位		直控式比例流量控制阀	
分流器		集流阀	

附表 7 插 装 阀

符号名称或用途	图形符号	符号名称或用途	图形符号
压力和方向控制插装阀插件,座阀结构,面积比例 1:1		方向控制插装阀插件,带节流端的座阀结构,面积比例≤0.7	
方向控制插装阀插件,带节流端的座阀结构,面积比例>0.7		方向控制插装阀插件,座阀结构,面积比例≤0.7	
方向控制插装阀插件,座阀结构,面积比例>0.7		方向阀控制阀插件,单向流动,座阀结构,内部先导供油,带可替换的节流孔	

续表

符号名称或用途	图形符号	符号名称或用途	图形符号
带溢流和限制保护功能的阀芯插件,滑阀结构,常闭		减压插装阀插件,滑阀结构,常开,带集成的单向阀	
带先导端口的控制盖		带先导端口的控制盖,带可调行程限位器和遥控端口	
带溢流功能的控制盖		带行程限制器的二通插装阀	

附表 8　缸

符号名称或用途	图形符号	符号名称或用途	图形符号
单作用单杆缸,靠弹簧力返回行程,弹簧腔带连接油口		双作用单杆缸	
双作用双杆缸,活塞杆直径不同,双侧缓冲,右侧带调节		带行程限制器的双作用膜片缸	
柱塞缸,单作用缸		活塞杆终端带缓冲的单作用膜片缸,排气不连接	
单作用伸缩缸		双作用伸缩缸	

续表

符号名称或用途	图形符号	符号名称或用途	图形符号
行程两端定位的双作用缸	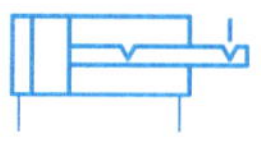	双作用磁性无杆缸，仅在右边终端位置切换	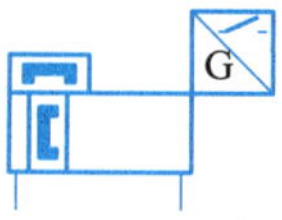
双杆双作用缸，左终点带内部限位开关，内部机械控制，右终点有外部限位开关，由活塞杆触发	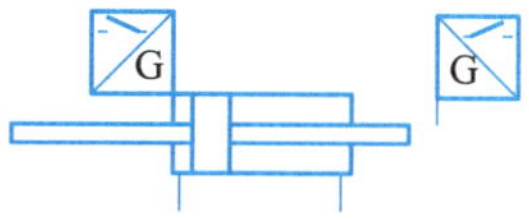	单作用压力介质转换器	
永磁活塞双作用夹具	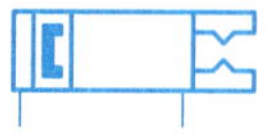	单作用增压器	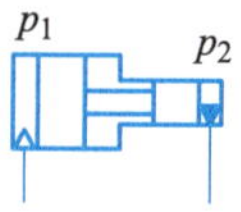

附表 9　附　　件

符号名称或用途	图形符号	符号名称或用途	图形符号
可调节的机械电子压力继电器		输出开关信号、可电子调节的压力转换器	
温度计		流量计	
压力测量单元（压力表）		过滤器	
离心式分离器		带光学阻塞指示器的过滤器	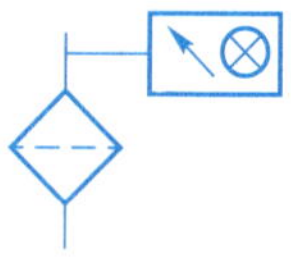

续表

符号名称或用途	图形符号	符号名称或用途	图形符号
气源处理装置（气动三联件），上图为详细的示意图，下图为简化图	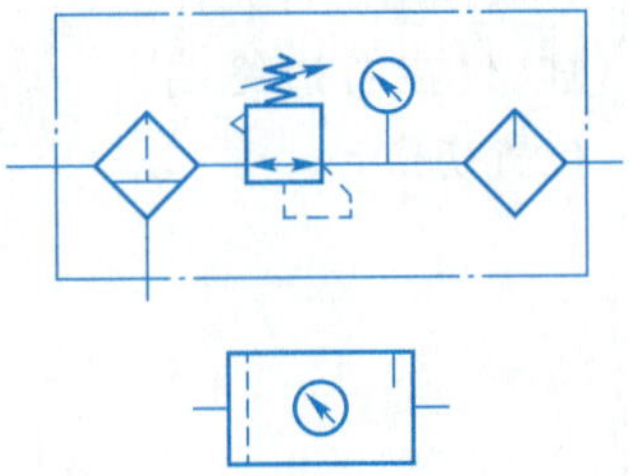	不带压力表的手动排水过滤器，手动调节，无溢流	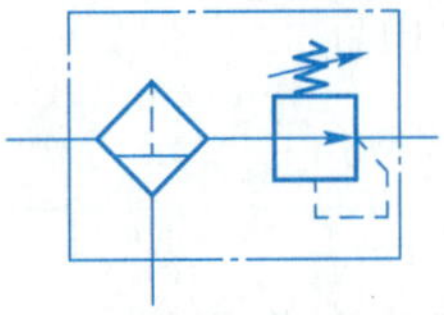
手动排水流体分离器		带手动排水分离器的过滤器	
自动排水流体分离器		吸附式过滤器	
空气干燥器		油雾器	
气罐		手动排水油雾器	
隔膜式充气蓄能器		囊式蓄能器	
活塞式充气蓄能器		气瓶	

附录 B　Automation Studio 软件的使用 >>>

1. Automation Studio 软件界面

Automation Studio 是一款用于液压、气动、电气控制系统设计和动态模拟的软件工具。Automation Studio 启动界面如附图 1 所示。

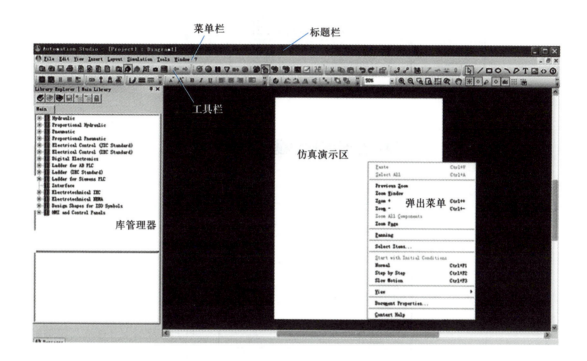

附图 1　**Automation Studio 启动界面**

2. 液压与气动系统仿真步骤

（1）从元件库中提取相应的液压或气动元件。

1）元件的参数设置。双击元件，设置元件的参数。如附图 2 所示，可以对元件的主要参数进行设置。设置参数时要注意参数的单位。

2）元件的标识设置。当元件拖至绘图区时，若直接弹出对话框，在对话框中填入合适的元件标识。如附图 3 所示，可以在"Tagname"中以"M"来标识电动机。

当元件拖至绘图区时，若无对话框弹出，只显示"?"，如附图 4 所示，为了设置电磁铁标识，必须先设置电磁铁对应的线圈的标识，如附图 5 所示，接着双击电磁阀，弹出附图 6 所示的电磁铁标识设置对话框，分别选择"2YA""3YA"，单击"Apply"即可，已设置标识的电磁铁如附图 7 所示。

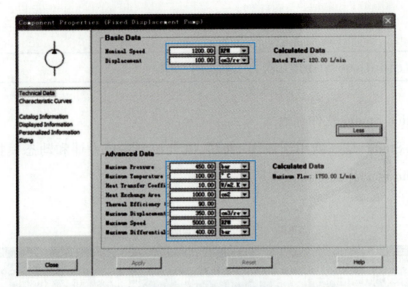

附图 2　元件参数设置

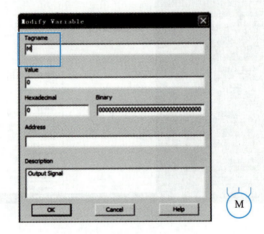

附图 3　元件标识

附图 4　未设置标识电磁阀的电磁铁

附图 5　电磁铁对应的线圈

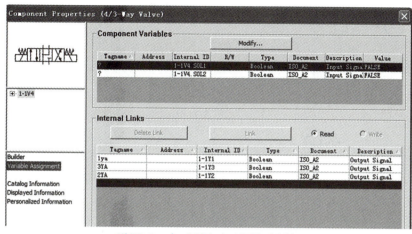

附图 6　电磁铁标识设置对话框　　　　　　附图 7　已设置标识的电磁铁

不能直接设置标识的元件还有液压回路中的电动机、触点等。它们的共同特点是滞后线圈动作。

（2）按原理图连接各元件。连接方式：用鼠标将一个元件进出口（出现圆圈）拖动到另一个元件进出口（出现圆圈），松开鼠标即可。连接后的元件如附图 8 所示。按同样的方法，从元件库中提取电气元件并连接，如附图 9 所示。注意，液压、气动元件的标识与相应电气元件的标识一致（教育版不支持此项功能）。

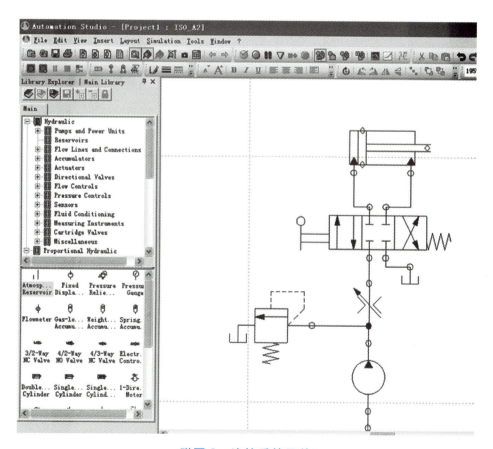

附图 8　连接后的元件

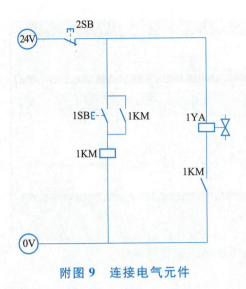

附图 9   连接电气元件

　　（3）仿真运行。通过下拉菜单或仿真工具条（附图 10）可运行液压或气动回路,回路仿真如附图 11 所示。用鼠标可以切换换向阀的阀芯位置,改变回路的工作状态。单击可调元件可调节元件参数（附图 12）,如调速阀开口大小、液压泵流量大小,液流阀工作压力或系统的工作状态。

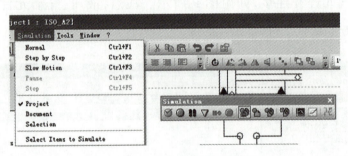

附图 10   下拉菜单和仿真工具条

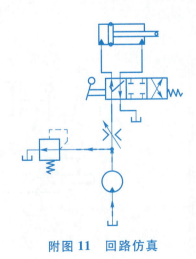

附图 11   回路仿真

　　（4）其他功能。

　　1）元件动画仿真。在仿真运行过程中右键单击任一元件,在快捷菜单中选择"Anima-

附图 12　调节元件参数

tion",即可动态仿真该元件的工作过程。附图 13 所示是液压缸、液压泵、溢流阀、油箱工作过程的动态仿真。

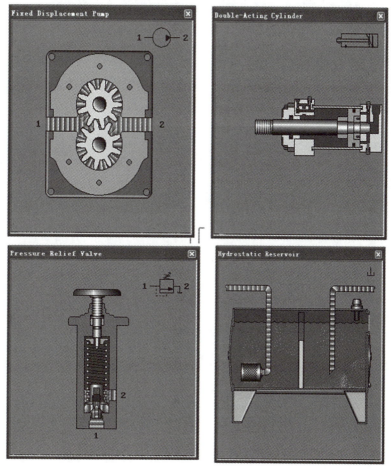

附图 13　动态仿真

2）动态记录测试参数。在仿真工具条上（附图 14）打开 plotter 窗口,选择图表（附图 15）,将需要表示工作进程的液压或气动元件拖至图表,选择需要的参数,如液压缸速度、液压泵流量,即可在运行时动态显示元件参数的变化状况。

附图 14　仿真工具条

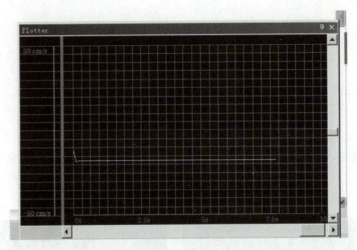

附图 15   图表

参 考 文 献

［1］雷天觉.新编液压工程手册［M］.北京：北京理工大学出版社,1998.

［2］沈向东,李芝.液压与气动［M］.2版.北京：机械工业出版社,2009.

［3］SMC(中国)有限公司.现代实用气动技术［M］.3版.北京：机械工业出版社,2008.

［4］徐炳辉.气动手册［M］.上海：上海科学技术出版社,2005.

［5］张忠狮.液压与气压传动［M］.南京：江苏科学技术出版社,2006.

［6］手嶋力.液压机构［M］.徐之梦,译.北京：机械工业出版社,2013.

［7］张勤,徐钢涛.液压与气动技术［M］.2版.北京：高等教育出版社,2015.

［8］王德洪,周慎,何成才.液压与气动系统拆装及维修［M］.2版.北京：人民邮电出版社,2014.

［9］潘玉山.气动与液压技术［M］.2版.北京：机械工业出版社,2019.

郑重声明

高等教育出版社依法对本书享有专有出版权。任何未经许可的复制、销售行为均违反《中华人民共和国著作权法》，其行为人将承担相应的民事责任和行政责任；构成犯罪的，将被依法追究刑事责任。为了维护市场秩序，保护读者的合法权益，避免读者误用盗版书造成不良后果，我社将配合行政执法部门和司法机关对违法犯罪的单位和个人进行严厉打击。社会各界人士如发现上述侵权行为，希望及时举报，本社将奖励举报有功人员。

反盗版举报电话　（010）58581999　58582371　58582488

反盗版举报传真　（010）82086060

反盗版举报邮箱　dd@hep.com.cn

通信地址　北京市西城区德外大街 4 号　高等教育出版社法律事务与版权管理部

邮政编码　100120

防伪查询说明

用户购书后刮开封底防伪涂层，利用手机微信等软件扫描二维码，会跳转至防伪查询网页，获得所购图书详细信息。也可将防伪二维码下的 20 位密码按从左到右、从上到下的顺序发送短信至 106695881280，免费查询所购图书真伪。

反盗版短信举报

编辑短信"JB,图书名称,出版社,购买地点"发送至 10669588128

防伪客服电话

（010）58582300

学习卡账号使用说明

一、注册/登录

访问 http://abook.hep.com.cn/sve，点击"注册"，在注册页面输入用户名、密码及常用的邮箱进行注册。已注册的用户直接输入用户名和密码登录即可进入"我的课程"页面。

二、课程绑定

点击"我的课程"页面右上方"绑定课程"，正确输入教材封底防伪标签上的 20 位密码，点击"确定"完成课程绑定。

三、访问课程

在"正在学习"列表中选择已绑定的课程，点击"进入课程"即可浏览或下载与本书配套的课程资源。刚绑定的课程请在"申请学习"列表中选择相应课程并点击"进入课程"。

如有账号问题，请发邮件至：4a_admin_zz@pub.hep.cn。